# 2019

## Monitoring Report of the Collective Forest Tenure Reform

# 集体林权制度改革监测报告

国家林业和草原局"集体林权制度改革监测"项目组 著

中国林业出版社
·北京·

### 图书在版编目（CIP）数据

2019集体林权制度改革监测报告/国家林业和草原局"集体林权制度改革监测"项目组著. —北京：中国林业出版社，2021.5

ISBN 978-7-5219-1087-2

Ⅰ.①2… Ⅱ.①国… Ⅲ.①集体林－产权制度改革－研究报告－中国－2019 Ⅳ.①F326.22

中国版本图书馆CIP数据核字(2021)第048496号

策划、责任编辑　李　敏

| | |
|---|---|
| 出版发行 | 中国林业出版社（100009　北京市西城区德内大街刘海胡同7号）<br>http://www.forestry.gov.cn/lycb.html　电话：(010)83143575 |
| 制　版 | 北京美光设计制版有限公司 |
| 印　刷 | 北京中科印刷有限公司 |
| 版　次 | 2021年5月第1版 |
| 印　次 | 2021年5月第1次 |
| 开　本 | 889mm×1194mm　1/16 |
| 印　张 | 10.75 |
| 字　数 | 268千字 |
| 定　价 | 130.00元 |

未经许可，不得以任何方式复制或抄袭本书之部分或全部内容。

版权所有　侵权必究

## 本书编委会

### 领导组

主　任　　张永利
副主任　　刘东生　　李春良　　杨　超
成　员　　李　冰　　马爱国　　王俊中　　刘　璨

### 编写组

组　长　　文彩云　　刘建杰　　黄　东
成　员　　王雁斌　　刘　浩　　吴伟光　　陈　珂　　曾玉林　　马丁丑
　　　　　李　扬　　康子昊　　张永亮　　黄锡良　　胡焕香　　陈　瑜
　　　　　陈秉谱　　魏　建　　刘　彪

# 序

2008年，我国全面实施了集体林权制度改革，经过十余年艰辛而富有成果的实践探索，基本完成了以明晰产权、承包经营到户为主要标志的主体改革。目前，以改革永远在路上的精神，集体林改正在探索双循环新发展格局下的深化配套改革之路，努力实现改革目标，推进农村优先发展，夯实生态文明建设基石。为及时把握改革发展的最新态势，深入剖析在集体林改中出现的新情况新问题，全面总结各地改革的经验，广泛听取社会各界的建议与诉求，进行科学决策，国家林业和草原局于2019年再次扩大了已持续11年的集体林权制度改革监测范围，由原来的7省（自治区、直辖市）增加到辽宁、河南、山东、浙江、广西、四川、湖南、福建、江西、广东、贵州、云南、甘肃、宁夏等14个省（自治区、直辖市）。在进行集体林改全面监测的同时，深入开展了集体林地农户承包责任落实、西北地区新型林业经营主体发展及经营效率、江西重庆重点生态区位商品林赎买改革试点、经营主体对林权抵押信贷需求、林业产业发展、南方集体林区林业产业对农民收入和就业影响、乡镇林业站发展现状等7个专题的调查研究。

监测结果显示：到2019年，各样本省（自治区、直辖市）主体改革逐步完善，确权发证查漏补缺持续推进，林权类不动产登记开始启动，林地承包权、经营权、收益权"三权分置"有序展开；新型林业经营主体不断壮大，适度规模化经营稳步推进；创新了森林生态效益补偿机制，逐年提高了补偿标准，全面加强了公益林管理；林权抵押贷款制度进一步健全，林业融资环境持续优化；进一步扩大了政策性森林保险覆盖面，绝大部分地区公益林保险基本实现应保尽保，商业性保险取得新进展；林业产业势头强劲，产业结构逐步优化，生态扶贫成效明显。

监测发现：当前的改革依然存在深化改革的组织领导有待加强，地区之间改革发展有失平衡；主体改革查缺补漏任务依然艰巨，林权类不动产登记工作进展缓慢，林权纠纷调处尚需进一步加大力度；林地流转市场发育程度不高，新型林业经营主体组织运行机制尚欠成熟、示范带动作用有待加强，适度规模经营与现代林业发展的要求仍有较大差距；生态补偿机制尚需进一步完善，金融支持力度与林业改革发展的要求不相适应；林业社会化服务组织体系建设有待加强，林业科技支撑投入不足；乡镇林业站的体制机制亟须重构和强化等方面的问题。

  本书汇集了2019年度的林改监测和专题研究的7篇报告。本监测报告既有宏观层面集体林改发展现状的分析研究，又有微观层面的基层调研剖析；既有值得可推广可借鉴的经验，又有亟须破解的难题；既有对各项监测和研究成果的全面展示，也有深化改革措施的政策建议。

  习近平总书记在福建三明考察明确提出：进一步深化集体林权制度改革。"共产党做事的一个指导思想就是尊重群众首创精神，群众是真正的英雄。我们推进改革要坚持顶层设计和基层探索相统一，对重大改革要坚持试点先行，取得经验后再推广。摸着石头过河的改革方法论没有过时，也不会过时"。2021年的中央一号文件明确指出，必须坚持农业农村优先发展总方针，进一步深化集体林权制度改革，激发乡村发展活力，全面推进乡村振兴，关乎农民的长远生计，农村的社会稳定和国家的生态安全，关乎巩固脱贫攻坚成果和乡村振兴战略的顺利实施。新时期集体林改监测要以习近平总书记生态文明思想为指导，贯彻习近平总书记关于集体林改的指示精神，夯实集体林改基础，不断探索实践是检验决策科学性唯一标准，切实加强从实践中来，总结提升后，再到实践中去的工作经验，进一步理清思路，抓铁留痕地落实各项改革举措，确保集体林改行稳致远。

  希望本书的出版能够推动各地在集体林权制度改革中的相互借鉴、相互激励，推陈出新，共举集体林改革与发展大业；也希望本书的出版发行能引起学界进一步关注集体林改，探索新理论与新思路，为科学决策出谋划策，让理论之树长青，把文章写在集体林改革与绿色发展的大业上。

张永利

国家林业和草原局副局长、党组成员

2021年3月

# 目 录

序

集体林权制度改革最新进展及建议 …………………… **001**

集体林地农户承包责任落实情况与治理对策 …………… **015**

西北地区新型林业经营主体发展及经营效率 …………… **041**

江西、重庆重点生态区位商品林赎买等改革试点调查 ……… **075**

集体林权制度改革背景下经营主体对林权抵押信贷需求研究 … **083**

林业产业发展状况、问题及对策 ………………………… **097**

南方集体林区林业产业对农民收入和就业的影响分析 ……… **123**

乡镇林业站改革发展现状及对策 ………………………… **149**

后记 ………………………………………………………… **163**

# 集体林权制度改革最新进展及建议

2019 集体林权制度改革监测报告

# 最新进展及成效

被称为我国"第三次土地改革"的新一轮集体林权制度改革（以下简称"林改"），经过十多年来的持续推进，在以明晰产权、承包到户为主要标志的主体改革基本完成后，目前各项配套改革不断创新，集体林地所有权、承包权、经营权"三权分置"陆续展开，各类新型林业经营主体持续壮大，林业规模化经营、绿色富民产业强劲发展，集体林业良性发展机制逐步形成，努力实现改革确定的资源增长、农民增收、生态良好、林区和谐的发展目标。

## 一、主体改革逐步完善，"三权分置"有序展开

### （一）确权发证查缺补漏成效明显，林权类不动产证登记开始启动，林地承包权进一步稳定

近年来，各样本省区全力开展对改革初期在明晰产权环节出现的四至不清、界址不明、错证漏证等问题的查缺补漏，绝大部分遗留问题得到妥善处理，进一步稳定了林农对林地的承包权。广西壮族自治区将市县党委、政府作为查缺补漏的责任落实主体，列入绩效考评，全面加强了对工作进展情况的检查督察，纠错工作取得明显成效。据不完全统计，2016—2017年，全区纠正存在错误林权证14500多本，涉及林地700多万亩，为2018年改发林权类不动产证打好基础。四川省林业厅为将查缺补漏工作落到实处，专门出台了《四川省集体林权制度改革"回头看"操作细则》，从2004年开始到2018年，核查纠错林权证达13.7万本。

林权类不动产证登记工作，目前已在全国范围普遍展开。广西壮族自治区林业厅为确保林权证登记与不动产登记的顺利衔接，组织开展了林权类不动产登记的专题调研，在广泛听取各方面意见的基础上，制定印发了《广西不动产权籍调查操作规程》和《林权类不动产登记手册》，对规范登记工作发挥了重要的指导作用。与此同时，联合自治区国土厅全面完成了宾阳、平果、扶绥3个县的林权类不动产登记权籍调查试点颁证工作，为全区林权类不动产证登记创造了较为成功的操作经验。

河北省为稳定集体林地的承包关系，突出开展了三个方面的工作：一是对林改前以拍卖、公开协商等方式承包期届满的集体林地，重新进行确权承包到户；二是对采取联户承包的集体林地，通过林权登记将林权份额量化到户；三是对仍由农村集体经济组织统一经营管理的林地，依法将股权量化到户。依法保护了林农对集体林地的承包权。

### （二）创新机制、规范管理、林地经营权得到有效放活

集体林地"三权分置"的核心，是在保障村集体所有权的基础上，最大限度地实现林地承包者和经营者的合法权益，而这一权益的实现又取决于林权流转的力度和管理环节的规范化程度。从会议交流情况看，各样本省区的一个共同的特点是，将林权流转作为推动"三权分置"的关键环节，精心布局、重点突破，取得了十分明显的工作成效。

#### 1. 林权管理进一步规范

安徽省先后出台了《安徽省林权管理条例》《关于县级林权管理服务体系规范化建设的

指导意见》《关于完善县级林权管理服务中心规范化建设的实施意见》，对林权登记、林权流转、林权争议处理、林权市场服务等四个主要方面内容作出了明确的规定并在实践中认真贯彻落实。一是组建了占全省105个县（市、区）90.5%比例的县级林权管理服务中心，规划到2020年实现县级林权管理服务中心、乡镇林权管理服务站、村级林权管理服务点全覆盖；二是在总结推广东至、广德等县建立林地经营权流转制度经验的基础上，成功完成了林权流转管理信息系统林地经营权流转证制证功能模块的开发使用；三是建成了由省林业厅与黄山市政府合办的在全省9个市设立17家分中心、6家授权服务机构、69个林权流转咨询服务站的江南林业产权交易所，2017年交易额突破亿元大关。全省集体林权累计流转面积达1043万亩，占全省确权发证集体林地面积的19.7%。

江西省先后在31个县（市）分两批开展林权流转规范化管理试点，省委省政府和省林业、国土部门陆续出台了一系列关于积极稳妥推进林地流转的实施意见、管理办法等政策法规，为新形势下规范林权流转管理服务提供了坚实的制度保障。遂川县林权管理服务中心将林权流转需要林农办理的事项全部下放到乡、村服务站，实行就近办理，为林区群众提供了极大的方便。据统计，近年来全县累计林权交易额达到7.6亿元，实现增值4800余万元，林权管理服务中心连续8年被评为全省林权管理先进单位。

陕西省林业局针对个别地方在林权流转过程中出现的价格过低、期限过长、面积过大等问题，出台了林权流转指导意见，印发了林权流转合同式样，编制了林地林木价值参考表，搭建林权流转服务平台46个，为广大林农提供查询、抵押登记、林权流转、技术培训、政策咨询等"一站式"服务。截至目前，全省累计流转林地901.2万亩，利用林权抵押贷款36.1亿元。

**2. 流转模式不断创新**

四川省成都市、巴州区分别围绕现代都市林业、山区林业深入开展以"三权分置"为主要内容的综合改革试验，总结推出了以财政补助"普惠制"、林地经营"共营制"、林地承包"退出制"、林权交易"入场制"、林权流转"保险制"、"花木融资"为主的都市林业改革的"成都经验"。以"林地林木基准价形成机制""自留山流转退出机制""森林保险再保险制度"为主的山区林业改革的"巴州做法"，得到原国家林业局的高度肯定。为全面推广成都、巴州的先进经验，四川省委省政府办公厅专门出台了集体林地"三权分置"改革的指导意见，明确提出了"树随地走""分类施策""交易鉴证""实物计价"等指导做法和"林业共营制""预流转+履约保证保险"等经营管理模式。截至2018年年底，全省累计实现林地交易1300宗，交易总额达到27亿元，流转价格较改革试验前提升76.8%。

重庆市涪陵区连续创建了"经营权出让""经营权入股""合作造林"等林地流转模式，林农通过林地流转，既获得财产性收入，又通过就地务工获得劳务收入，还可发展餐饮住宿等获得第三产业经营性收入。2011年涪陵林交所成立以来，全区林地流转面积超过41万亩，占全区林地面积的20%。"大木花谷"景区以每亩800元的价格流转大木乡集体林地1100亩，建设"林下花园"旅游项目，吸纳当地农民90余人，支付劳务费用240余万元，带动周边170多户农户经营餐饮、农家乐，户均收入超过10万元。武陵山乡石夹沟村采取集体收回承包权，转包给企业的形式，流转林地2万余亩，69户林农通过转包获得1600余万元的收入，户均达到23.2万元。与此同时，充分发挥林权交易平台的杠杆作用，实行林地流转"一站式"服务，林权交易价格由林交所成立之初的每亩约200元，提高到目前的每亩1000元以上，部分交易价格已达每亩2000元以上。

许多省区更是出台财政扶持政策，鼓励林农开展林权流转。河北省所有县（市、区）按照省政府要求设立了林权流转补助资金，对林权流转期限5年以上且流转面积在100亩以上的规模经营主体给予补助。安徽金寨县对流转林地500亩以上，流转期限25年以上并签订规范流转合同的经营主体，按照不同的面积分别给予每亩10元、15元和20元的一次性奖励。同时将林权流转经营户列入政策性森林保险对象，提供森林保险服务。截至2018年年底，全县采取承包、入股、转让、租赁方式流转林地31.28万亩。大批林农通过联合造林、山场入股、成立林业生产合作社等方式投资兴林，成为金寨林业发展的重要力量。

### 3. 林地经营权进一步活化

重庆市武隆区积极开展活化林地经营权，实现集体林地"三权分置"的探索实践。一是为有效实现林地承包者和经营者权益，在火炉镇万峰村试点创建了集体林地由合作社统一经营模式。具体做法是，由村委会将村集体6500亩林地的经营权以入股形式流转给各村民小组，村民小组再将林地经营权入股到林业专业合作社，然后由合作社将林权通过林业担保平台抵押融资1000万元，投入林下经济、生态保护等经营项目。在收益分配上，每亩林地折一股权，经营利润的50%用于扩大专业合作社的再生产，30%兑现给农户，20%用于各村民小组基础设施建设。在此基础上，专业合作社再以每年每亩10元的价格对农户流转的林地进行利益保底。二是创新公益林和商品林互调制度。为保障林地经营者的经营效益，允许将林农拟流转的公益林与周边的商品林进行调换，然后再流转给林地经营者。三是出台《武隆区森林资源流转管理办法》。为防止炒作林地情况的出现，《办法》明确规定："流转价款不得低于评估价值或市场价值的90%；同一林地两次流转的间隔期限，不得少于1年"，从制度上保障了林农的利益。

在活化林权经营方面，重庆市、四川省等地积极开展了集体林地承包有偿退出机制的探索。重庆市先后在巴南、南川、武隆三区开展试点，720户农民自愿退出集体林地承包权6250亩，林农总计获得退出补偿6038万元，最多一户获得30多万元。武隆区仙女山镇两个村的152户农户自愿退出林地3233亩，亩均补偿价款达到10800元。所退林地流转给重庆市阳光童年旅游开发有限公司打造观光旅游项目。项目建成后，可带动当地农户开展餐饮住宿等经营，大幅增加农民收入。

四川省沐川县采取的林地经营者在获得流转的林地后必须负责林区道路修建的做法，既放活了林地经营权，又改善了林区基础设施条件。近年来，全县实现林地流转26万亩，流转金额1.2亿元，林农户均增收近3000元，林地经营者投资近4000万元，修建公路420千米，占全县新建林区公路总里程的67.5%。

## 二、森林生态效益补偿机制不断创新，公益林管理全面加强

重庆市积极开展森林生态效益补偿机制的创新。一是探索实施森林覆盖率横向生态补偿。2018年，市政府办公厅发布了《重庆市实施横向生态补偿提高森林覆盖率工作方案》，

根据全市不同的自然地理条件和经济发展布局，将市属38个区县划分为三个类型区，分别提出了不同的森林覆盖率指标。对因各种条件限制难以实现规定指标的区县，允许其向森林覆盖率高出目标值的区县购买森林面积指标，计入本区县森林覆盖率。通过建立政府纵向转移支付与地区间横向生态补偿相结合的多元化生态补偿机制，促使区县政府切实履行提高森林覆盖率职责，形成共同担责、共建共享的工作格局。2019年3月，江北区与酉阳县政府签订协议，交易森林面积指标7.5万亩，成交金额1.875亿元；城口区与九龙坡区、石柱县与南岸区补偿协议正在积极商洽中。二是为提升林地价值，推动城乡自然资本加快增值，鼓励社会资本参与林业生态建设，在全国率先探索建立林票制度。其核心是通过市场化生态补偿机制实现林木林地生态价值量占补平衡，由使用林地的建设单位和个人支付森林生态服务价值，增加森林资源保护发展的资金渠道，促进市场化、多元化生态补偿机制加快建立完善，促进森林资源有效增值，农民增收致富。具体的操作方式是，将林木林地的生态价值量以林票作为市场化交易的标的物。此项工作已作为重大改革举措在重庆市全面实施。

南方集体林区积极推进森林生态效益动态补偿机制创新，补偿标准逐年提高。截至2018年年底，江西省的补偿标准已达到每亩21.5元。全省纳入省级以上补偿范围的生态公益林面积达到5100万亩，占全省林地面积的32%，高于森林法实施条例规定的30%比例的两个百分点。

河北省制定了《地方公益林区划界定办法（试行）》，进一步完善了公益林的区划界定方法和程序。在政策上允许对承包到户的公益林在不影响整体生态功能、保持公益林相对稳定的前提下进行调整完善。同时规定除国家一级公益林以外的公益林，可以进行抚育和更新性质的采伐，可以采取转包、出租、入股等方式流转，用于发展林下经济。

## 三、政策性森林保险覆盖面逐步扩大，商业性保险取得一定进展

截至2018年年底，绝大部分样本省区实现了生态公益林的应保尽保，商品林的商业性保险逐步展开。南方集体林区部分省区更是将商品林保险的全部或部分纳入财政补贴范围，有效降低了林农和各类林业经营主体的经营风险。

重庆市涪陵区着力加大区财政的资金配套力度，将全区188万亩公益林和商品林全部纳入包括森林火灾、森林病虫害、风雪雨旱等自然灾害所有险种的承保范围。2017、2018两年，保险公司对各种灾害的理赔达到108.8万元，受益林农1100多人。

安徽全省政策性森林保险投保面积4723万亩，投保总额245亿元，公益林投保率达到99.6%，商品林实现了愿保尽保。金寨县全县公益林和除企业、流转大户经营之外的商品林投保费用全部由财政负担。广西政策性森林保险投保面积达到1.37亿亩，签单保费达到2.8亿元，为9713户受灾林农支付理赔金额达到7090万元。

陕西省为建立更加灵活的森林保险机制，积极协调保险机构在森林保险招投标制度、费率调整机制、扩大承保对象等方面进行改革尝试。森林保险由市级林业部门通过公开招标，选择费率更低、服务更优的保险公司进行承保。公益林承保范围由2012年的1700万亩扩大到2018年的1.03亿亩，覆盖全省11个市（区）。协调省银保监局扩充了保险条款，调低了森林病虫害保险起赔点，降低保费费率1‰。

## 四、林权抵押贷款制度进一步健全，林业融资环境持续优化

安徽省林业局先后与省农村信用联社、省农行、省建行、省邮储银行等金融机构开展战略合作，签署相关战略合作协议。与中国银监会安徽监管局、中国农业银行、中国邮储银行安徽省分行联合出台了《关于林权抵押贷款的实施意见》《关于开展林权抵押贷款支持林业发展的指导意见》《关于推进"皖林邮贷通"林权抵押小额贷款业务的通知》等一系列规范性文件，为林权抵押贷款提供了有力的政策支持。为解决贷款逾期问题，经省政府批准，由省产权中心独资成立了"安徽省森林资源收储中心"，滁州、宣城等市建立了担保收储机构。截至目前，全省累计完成林权抵押贷款150多亿元，贷款余额约65亿元。广西壮族自治区14个市、79个县区开展了林权抵押贷款业务，县级业务覆盖率达到72%，林权抵押贷款余额达到150亿元。环江县在下南乡中南村南昌屯开展了生态公益林预期收益质押贷款试点，与农业银行签订了以收益金扩大5倍发放贷款的协议，并于2019年3月25日发放了广西首笔公益林预期收益质押贷款。江西省累计发放林权抵押贷款达到198.65亿元，贷款余额57.88亿元。河北、陕西两个起步较晚的省份，累计贷款分别达到23.1亿元和36.1亿元。

重庆市涪陵区全力优化林业融资环境，与金融机构合作建立林权抵押贷款流程，引入担保企业和森林资产评估机构，实现了林权抵押的快捷服务。积极引导、鼓励、支持社会资本参与退耕还林、石漠化治理、笋竹油茶规模种植、木竹加工、森林旅游等林业生态建设和林业产业发展。2011年以来，社会资本投资林业超过1亿元，金融机构发放集体林权抵押贷款4.1亿元，为林业生态建设和林业产业发展注入了新的活力。

## 五、新型林业经营主体不断壮大，适度规模化经营稳步推进

江西省多措并举积极培育扶持专业大户、家庭林场、林业专业合作社、资源培育型林业龙头企业等新型林业经营主体，发展适度规模经营，在全国率先实施了适度规模经营的财政奖补政策。2017、2018两个年度奖补投入累计达到474.28万元，林地规模化经营面积达到14.53万亩。同时在全省范围列出16个林业生态和产业项目用于对新型林业经营主体的项目扶持。截至2018年12月，全省培育形成专业大户4855户、家庭林场934个、林业专业合作社2932个、林业企业10100个，浮梁丽景等12家林业专业合作社被评为国家农业合作社示范社，为释放林业发展潜力奠定了坚实的社会组织基础。

安徽省连续出台《农民林业专业合作社示范社创建标准》《示范家庭林场评选认定办法》，在全省先后开展了五个批次的省级农民林业专业合作社示范社、示范家庭林场创建评选活动，表彰奖励了省级林业龙头化企业707家、农民林业专业合作社示范社369家、示范家庭林场70家，其中宁国市被原国家林业局评为农民林业合作社国家级示范县。创建评选活动对推动新型林业经营主体的发展壮大发挥了有效的示范作用。截至2018年年底，全省注册各类新型林业经营主体达到18162家。该省金寨县对新增杉木、毛竹、山核桃、油茶等用材林和特色经济林，除国家和省财政给予的扶持补助外，同时加大对规模经营者的信贷支持，全县用

于扶持新型林业经营主体的林权抵押贷款累计达到3.39亿元。

重庆市涪陵区采取项目扶持、引入民营资本等措施，培育发展新型林业经营主体。探索实践了"龙头企业示范+专业合作社带动+农户参与""土地入股+保底+分红""土地入股+销售分红""龙头企业+专业大户+农户"等发展模式，有力推动了林业产业化发展。经过连续几年坚持不懈的努力，在全区培育发展了包括三峡笋业、华茂林业、万峰林业3家市级林业产业化龙头企业在内的各类新型林业经营主体153家，其中华茂林业于2016年成为重庆市首家上市林业企业。三峡笋业公司与南沱镇治坪村，以"现金+土地经营权+技术"股权的模式，合作组建了涪陵区竹泰笋业股份合作社。三峡笋业公司出资414.832万元，作为大股东行使经营权，承担经营盈亏责任；治坪村以313.2亩土地经营权入股，农户推举理事会成员参与合作社经营管理，行使监督权和表决权，不承担经营风险，继续享受原来的退耕还林、粮食直补；同时合作社聘请技术人员以占总股本2%股份的技术入股。合作社主要开展竹笋种植和销售。农户在200元/亩/年保底分红的基础上，根据经营利润进行二次分红。从2016年合作社开始经营到2018年，三年实现销售收入364.54万元，利润97.6万元，农民保底+盈余二次分红34.47万元，实现务工收入143.85万元，年户均增收达到4832.5元。有效实现了农民增收、产业增效、生态增值的目标。

近年来，各样本省区针对大量历史遗留和林改后频繁发生的山林纠纷，着力加大林权纠纷调处力度，为林地经营提供了良好的外部发展环境。据统计，截至2018年年底，四川省成功调处林权纠纷达5.75万起。该省沐川县专门制定出台了《林权纠纷调处仲裁管理办法》，按属地管理原则，由乡镇组建调解机构，力求各种山林矛盾解决在基层、化解在萌芽状态，调处成功率达96.4%。

安徽省金寨县专门成立了由林业局长为组长的林业行政调解工作领导小组，抽调专人专门负责林权纠纷调解，并将行政调解工作作为对各下属单位年终考评的重要内容，严格奖惩兑现。集体林权制度改革以来，全县共发生各类林地纠纷18068件，目前已调处17934件，调处办结率达到99.2%。

在对新型林业经营主体的政策扶持上，四川省沐川县特别放宽了对人工商品林采伐利用的限制，对经营面积在3000亩以上的专业大户进行"单独编限、单报单批"。在此同时为减轻林木重量、减少人工运费，允许部分商品林采用"立木放水"方式进行采伐。在采伐审批上，将30亩以下商品林采伐审批权下放到乡镇林业站，为经营主体的林木采伐提供了极大的便利。

## 六、林业产业、林下经济发展势头强劲，生态扶贫取得明显成效

河北省全力推进集体林业多种经营，加快发展林下经济和林果富民产业。以苹果、梨、核桃等八大优势树种为重点，着力打造山区生态经济型木本粮油产业带和平原区高效节水型现代林果产业带，仅2018年就新增果品高标准基地108万亩，完成结构调整和树体改造149万亩。林下经济年经营总面积达1000万亩，年经营收入30多亿元。地处河北东北部的平泉市，资金、技术、金融、项目多种扶持方式并举，因地制宜发展林业产业，到2018年年底，优质山杏林基地总量达到67万亩，杏仁加工、杏仁饮品、杏仁油、杏仁护肤品等多条循环产业链

条产值达到9.98亿元，利税近1亿元，带动就业4400人，被评为"中国山杏之乡""中国山杏产业示范区"；全市食用菌基地面积达6.5万亩，年产菌菇56万吨，产业链值58亿元，从业人数达12万人，仅此一项就使全市农民人均收入纯增4600元，辐射带动周边6个省区20余个市县发展食用菌业，成为名副其实的"中国菌乡"。

安徽省将林药、林菌、林笋、林苗、林禽、林畜、林蜂、林蛙、林间采集、森林旅游作为林下经济的十大发展模式。根据国家政策导向，充分发挥林下中药材专业合作组织和龙头企业的资金、技术、管理优势，建立林下种植中药材示范基地。通过典型示范，激发带动广大林农发展林下中药材，涌现出一批以旌德、广德、青阳、岳西、金寨、亳州谯城区等为代表的林下经济示范县和示范典型。成功开发石斛、西洋参、灵芝等20多种名贵中药材林下种植特色品牌。截至2018年年底，全省发展林下经济面积1283万亩，林下经济产值由2012年的108亿元增加到2018年的266.3亿元，年均增长19.78%。

陕西省积极开展示范基地、示范社评选活动，组织评定国家和省级林下经济示范基地87个、示范合作社82个，较好地发挥了示范引领作用。全省注册各类林业专业合作组织2197个，注册资金41.5亿元，参与农户65.8万户，林下经济用地面积达到1820万亩，从业人员430多万人。省财政每年列支3000万元用于扶持林下经济。以商南核桃、蓝田白皮松、岚皋魔芋、宁陕猪苓、黄龙中蜂、凤县林麝、山阳药材、城固采集加工等为重点的林下经济呈现出蓬勃发展的良好态势。

广西壮族自治区务实推进林业生态脱贫攻坚，整合安排60%以上的涉林资金，撬动农发行、国开行扶贫贷款72亿元，在全区54个贫困县建设油茶双高示范园，林下经济、林业科技示范基地、现代特色林业示范区270个。出台支持14个贫困县的专项措施，倾斜安排林地利用指标、森林采伐限额、产业发展基金、聘用生态护林员34562人，对全区的脱贫攻坚做出了积极贡献。该区环江县将发展油茶产业作为林业扶贫的重点工程，在为林农免费提供优质种苗的基础上，对经营面积在50亩以上的农户或林业经营主体，给予每亩1000元的抚育管理补助，其中达到自治区现代特色林业示范区要求的，再追加10万~200万元的资金奖励。仅2018—2019两年，全县新增油茶种植面积就达到62000亩，涉及贫困户3520户。与此同时，该县立足长远，通过创建万亩油茶扶贫产业园，采用"公司+特色产业+基地+脱贫户"和"1+1"油茶林下套种中草药的"茶中药"模式，吸纳建档立卡脱贫户2万户，为实现全县的稳定脱贫和贫困户脱贫后的产业收益提供了有力保障。

江西省遂川县着力加大对林业产业和林下经济的扶持力度。根据县政府《遂川县产业扶贫基地建设工作方案》《遂川县林下经济发展实施意见》《遂川县中药材产业精准扶贫工作方案》规定，对林农和新型林业经营主体发展油茶、毛竹等特色产业和林下经济，县级财政按照新造油茶每亩500元、毛竹低改每亩75~125元、种植中药材每亩250~750元的标准给予奖励。近三年，全县完成新造改造油茶、毛竹林低改、发展中药材5.64万亩。2018年林下经济产值达到5.86亿元。

四川省南江县依托得天独厚的森林资源和历史文化遗产，大力发展生态旅游和森林康养产业。近年来，成功创建了米仓山国家森林公园、光雾山4A级国家风景名胜区等八个"国"字旅游品牌，建成全国首条标准化森林康养步道以及国家、省、市县级森林康养示范基地10个，带动15万余人从事旅游业。2018年，全县接待游客680万人次，实现旅游收入55.8亿元，其中乡村旅游实现收入28.79亿元，对贫困人口增收贡献率达18%以上。实现森林康养收入22亿元，对绿色GDP贡献率达到23%。

四川省沐川县按照"成片发展、示范带动"的思路，以扶贫项目为支点，整合各类资金近4000万元用于发展以笋用林基地、森林旅游、林产品加为主的林业产业。引导林农、合作社与公司、超市等签订购销合同，发展"订单林业"。全县农民年人均林业收入从2003年的786元上升到2018年的5200元。为沐川实现贫困县整体摘帽做出了巨大贡献。

## 存在的问题

### 一、深化改革的组织领导有待加强

集体林改已经持续多年，个别地区管理领导层出现一定程度的厌倦心理，部分非重点林区改革的动力不足，加之新一轮机构改革林业主管部门的机构撤并、职能变化所带来的影响，切实加强对改革的组织领导就成为进一步深化改革必须解决的首要问题。

### 二、地区之间改革发展有失平衡

纵观各样本省的改革进展，一个突出的特点是南方集体林区各项改革一直处于全国领先水平，而经济相对落后且林业在整个国民经济中所占比例较小的老少边穷地区则较为滞后，个别地区距离主体改革任务完成尚有较大差距。截至2018年年底，某省集体林家庭承包比例只有72.7%。该省的一个县232.74万亩集体林地，确权发证面积70.46万亩，家庭承包林地确权面积仅有3.69万亩，产权明晰率、分山到户率仅为30.3%和0.015%。

### 三、查缺补漏任务依然艰巨

近年来，各样本省区尽管在"改革回头看"中下大力解决主体改革阶段遗留的各种问题，但由于问题积压较多，基层林业管理部门特别是乡镇林业站人力不足、缺乏工作经费等方面的原因，许多问题没有得到及时解决，直接影响到农村产权制度改革、不动产登记和林权流转的顺利进行。

### 四、林权纠纷调处尚需进一步加大力度

从会议交流和近两年在基层调查了解的情况看，改革前后特别是近年来随着改革的不断深入以及林地承包者经营者利益冲突的加剧，山林纠纷已经成为困扰利益双方特别是影响经营者正常生产经营的严重障碍。

## 五、林权类不动产登记工作滞后

部分地区尚未理顺林业和自然资源部部门林权不动产登记的关系。一些地区虽然明确划分了两个部门的工作职责，但林业部门掌握的林权类信息和不动产机构的数据库还没有实现互联互通，在技术上存在一时难以解决的相互转换等问题致使登记工作迟迟不能启动。

## 六、林权流转存在诸多问题

一是作为流转主体一方的林农由于受传统观念的影响，缺乏对林地的经营意识，流转愿望不强。从流转受体的林地经营者来讲，由于资金缺乏、技术落后等因素导致的差强人意的流转效益，期望中的流转行为难以取得突破性进展；二是一些地方尚未建立统一规范的林权流转交易平台，制约了流转工作的开展，个别地区的流转市场甚至处于逐步停滞状态；三是当前包括已经建立流转市场的地区，林地承包者与经营者私下交易的现象仍然大量存在，由此产生的利益纠纷时有发生；四是部分地区由于农村综合产权交易市场的建立，林权交易市场的功能相对弱化；五是县、乡（镇）、村三级林权流转平台建设面临专业人员、硬件设施配备不齐、人员编制、经费来源无保障等问题，使流转服务体系的建立受到很大程度的限制；六是多年来存在的作为林权流转最基础的森林资源资产评估机制尚不健全。在实践中既缺乏专门的评估机构，又缺乏专业的评估人员，社会上跨行业的中介评估组织收费标准各行其是，且常常出现评估结果严重脱离实际的情况，对流转的顺利推进造成很大程度的负面影响。

## 七、金融支持力度与林业改革发展的要求不相适应

一是抵押林权处置难、变现难、林农还贷能力弱，加之林权抵押风险防范机制、林权收储、林权抵押资产处置市场尚不健全，部分林业企业因资金紧张频繁出现的贷款逾期等因素的存在，导致很多金融机构不愿开展林权抵押贷款。据了解，部分地区银行为了规避风险，规定林权抵押质押必须与其他固定资产进行组合，金融机构才可发放贷款；二是林权抵押贷款大多集中在林业专业大户和林产加工企业，尚未惠及到广大林农；三是林权抵押门槛高，可抵押林种范围小，多数银行贷款仅限于松、杉、毛竹等用材商品林。贷款期限偏短，与林业生产周期长、投入高对贷款的需求形成巨大落差，目前各类银行发放的林权抵押贷款多以1～3年为主；四是财政贴息力度需要加大，许多地区在政策上明确规定林权抵押贷款可以延长至8～10年，但又同时规定林业贷款项目贴息期限最长不得超过3年，与贷款期限要求出现明显反差。

## 八、新型林业经营主体组织运行机制尚欠成熟，适度规模经营与现代林业发展的要求仍有较大差距

以林业合作组织为主要形式的新型林业经营主体的培育发展虽然取得了一定成效，但从

目前情况看,实体运行尚不理想,特别是相当部分的林业合作组织处于名存实亡状态,即便勉强维持运行的也大多机制不活、活动单一、效益欠佳,没有充分发挥应有的推进林业规模化、集约化经营,组织带领农民发展生产增收致富的作用。

## 九、林业产业、林下经济发展水平偏低

综合各样本省区的情况,目前的林业产业和林下经济普遍存在发展规模小、政策性扶持力度弱、缺乏龙头企业带动、产业结构不尽合理、产品精深加工程度低、名牌拳头产品少、林副产品商品化程度不高、经济效益差等方面的问题。

## 十、生态补偿机制尚需进一步完善

一是在个别地区公益林尚未实现应管尽管。陕西省13901万亩国家级公益林,尚有7230万亩未纳入补偿范围,占公益林总面积的52%。由于地方财政紧张,全省4036万亩地方集体公益林,目前仅补偿630万亩,且每亩只有5元补偿,远远低于国家级公益林每亩15元的补助标准;二是在南方集体林区,林改后大部分集体所有的生态公益林已经分山到户,由于户均公益林面积较小,加之与商品林经营收益的不可对比,林农对公益林保护管理的积极性不高,加之农村青壮年劳力大量外流,部分公益林处于无人管理状态;三是以"谁受益谁补偿"为原则的多渠道补偿机制尚未形成,补偿资金来源单一;四是补偿标准"一刀切",没有按照生态公益林林地类型实行分类补偿,在一定程度上挫伤了高质量生态公益林所有者的积极性;五是公益林的补偿标准仍需要随着国家和地方财政收入的增加逐年予以提高。

# 对策建议

## 一、将进一步深化集体林改相关任务列入各级党政组织和林业主管部门目标考核范围

集体林改的进一步深化能否取得预期效果,关键在于各级党政组织的重视程度和林业主管部门的工作力度。为实现改革预定的目标,急需建立和完善各级领导干部的奖惩问责机制。将完成改革各项任务情况列入各级党政组织和林业主管部门的实绩考核,并在实践中切实加强检查督促,严格奖惩兑现。

## 二、加强对改革的宣传教育,营造全党全民参与改革的社会氛围

一是加强对管理领导层对党和国家关于集体林改一系列方针政策的教育学习,使之深刻认识集体林改对助力当前精准扶贫,优化农村产业结构,推动"三农"问题解决,促进社会经济可持续发展的重要作用。着力增强各级领导干部全面深化改革的自觉性。

二是切实加强对广大林农的宣传教育并注意运用典型示范的方式,让林农实实在在地感

受改革给其带来的利益，从而激发林农参与林改的积极性。

## 三、及时总结推广改革创新的经验做法

加强对集体林改进程的跟踪监测，重视典型示范的引领作用，及时总结推广各地特别是综合改革试验区改革创新的经验做法，推动改革全局的健康稳定全面发展。

## 四、进一步完善改革相关的法律法规和政策

深入研究在改革过程中出现的各种新情况新问题，特别是影响制约改革发展的主要矛盾，从推动改革向纵深发展的目标出发，及时修订出台适应现代林业发展的法律法规和政策规定，最大限度地解放林业生产力，确保集体林承包者和经营者合法权益的实现。

## 五、尽快明确自然资源林业部门的工作职能，加速推进确权发证查缺补漏和林权类不动产登记工作

确权发证的查缺补漏和林权类不动产登记是林地承包权得以稳定、经营权全面放活、确保林权流转规范进行的基础。新一轮机构改革国土和林业部门没有合署办公的地区，要加速明确两个工作部门包括林地（林木）所有权、使用权、林地经营权登记，林权纠纷调处，不动产证外业勘察、权证登记办理，产权交易等事项的职责范围并尽快开展相关工作。

## 六、抓紧理顺农村综合交易市场和林业产权交易市场之间的关系，切实加强林业产权交易的规范管理

各地的林业产权交易市场经过多年运行的培育发展，探索总结并形成了许多成功的交易模式，特别是从省、市到县再到乡镇村的五级交易服务平台，为维护广大林农和各类林业经营主体的合法权益，提供了有效的保障和优质便捷的服务。考虑林业产权交易的专业性和市场需求的特殊性，在农村综合产权交易市场建立的情况下，还要保持林业产权交易市场的单独设置。对于已将两个市场合二为一的地区，必须坚持林业产权交易职能只能强化不能削弱的原则，保留其独立运行的地位。为充分发挥林权交易市场在森林资源配置中的重要作用，各地党委政府和林业主管部门当前要注意突出抓好以下几个方面的工作：一是指导交易管理部门着力解决林权流转的薄弱环节，全面贯彻执行国家和地方政府已经出台的各项政策法规，进一步完善林权交易规则制度，提升管理水平，规范流转行为，切实维护流转双方的合法权益；二是大力拓展林权交易的覆盖范围，采取宣传引导、政策扶持等有效措施，将目前大量存在的林权私下交易活动纳入政府主导的统一的交易市场；三是努力创新交易品种，切实加大项目包装和推介力度，全面提升林权项目成交率和增值率；四是加快推进森林资源资产评估师资格认定工作，大力培育森林资源资产评估社会中介组织，促进森林资产评估活动有序开展。

## 七、进一步完善生态补偿机制

一是从政策上明确，随着国家和地方财政收入的增长，按照科学合理的原则，逐年提高国家和地方各级生态公益林森林生态效益补偿标准；二是在深入调查研究和条件成熟的基础上，实施不同生态区位、不同资源状况、不同经济发展水平，不同的补偿标准。采取转移支付的方式，对西北经济欠发达地区公益林补偿给予一定的扶持；三是借鉴重庆等地实施横向生态补偿的经验，积极探索实践多元化的森林生态效益横向补贴制度；四是加快建立碳汇交易市场，让森林生态效益的创造、维护者得到更多的补偿。

## 八、深化林业投融资体制改革

一是加强和优化林业公共财政投入。多方位、多层次筹集财政支林、扶贫和以工代赈等资金，全力支持林业一、二、三产业全面发展；二是提高各级政府对林业投入的比例，设立专项资金实行项目申请制，以奖代补；三是多渠道吸引社会资金参与林业发展，有效实现公共财政资金的使用效率；四是进一步完善林业中长期贷款特别是林权抵押贷款的管理办法，创新与林业生产经营周期长，投入大、见效慢相适应的金融产品，适度延长贷款期限，放大贷款额度，降低贷款利率、简化贷款手续。与此同时，建立各级人民政府林权抵押贷款担保基金和与林业贷款期限相一致的财政贴息制度，切实加大对林业发展的金融扶持力度。

## 九、进一步加大对新型林业经营主体和林业产业林下经济的扶持力度

综合运用财政金融政策扶持、适度放宽林木采伐限制、倾斜安排各项林业项目补贴、优先实施林业重点工程、加强社会化服务力度等多方面的措施，重点扶持林业专业合作社、林业大户、家庭民营林场、林业龙头企业等新型林业经营主体，全力发展适度规模经营，促进林业产业和林下经济的快速发展。

## 十、为林权类不动产登记和主体改革查缺补漏安排一定的工作经费

鉴于林权类不动产登记是一项全新的工作，工作难度大，技术要求高，加之部分地区确权发证遗留的大量问题需要开展外业测绘和权证重新核实等工作，需要一定的经费支撑，建议比照林改初期发放改革补贴的方式，采取以地方财政为主，中央财政给予适当补贴的方式，解决林权类不动产登记和主体改革查缺补漏的工作经费。

# 集体林地农户承包责任落实情况与治理对策

**2019 集体林权制度改革监测报告**

# 研究背景

2017年3月29日，习近平总书记在听取国家林业局领导关于深化林业改革的专题汇报后强调，一定要认真总结集体林权制度改革的经验、深入研究集体林权制度改革后农户林地承包经营履责的情况与问题，把集体林权制度改革推向深入。

根据《森林法》《合同法》和集体林权制度改革的相关文件精神，承包经营集体林地应该履行下列责任义务：①维持承包林地的林业用途，不得用于非林建设或者使之闲置荒芜。属生态公益林的，不得改变公益林性质。②落实造林和管护措施。荒山荒地应自承包合同生效之日起3~5年内参照国家有关造林标准造林。林木采伐后应在当年或次年更新。依法保护好野生动、植物资源，做好护林防火和森林病虫害防治工作，一旦发生火灾和森林病虫害及林木盗伐事件，应积极采取措施，并及时向有关部门报告。③依法保护和合理利用林地，不得自行或准许他人在承包林地内实施毁林开垦、采石、挖沙、取土等给林地造成永久性损害的行为。不得因发展林地经济而对林地造成永久性损害和水土流失，要依法经营。④在承包林地内发生毁林和乱占滥用林地行为时，应积极采取措施予以制止，并及时向有关部门报告。⑤承包期内林地承包经营权采取转包、出租、互换方式流转的，当事人双方应签订书面合同并报集体组织备案。采取转让方式流转的，须经集体组织同意后按法定程序进行。

集体林权制度改革的目的就是要通过"明晰产权、确权到户"，在把集体林地产权明确到户的同时把营林生产责任也落实到户，以此调动林农林业生产的积极性、推动林业发展。本轮集体林权制度改革自2003年福建、江西等省试点，到2009年在全国范围内全面铺开，时至今日，已经过去了十几个年头。集体林权制度改革是否调动了广大农户的营林生产积极性、农户的林地承包责任落实情况如何、是否达到了预期目标、如何进一步提高农户营林履责的积极性等问题，既是党中央、国务院推动"绿色发展、绿色惠民"发展理念的工作基础，也是林地"三权分置"改革新形势下为促进林业发展亟待研究和解决的问题。正是在这一背景下，2019年，由国家林业局集体林权制度改革监测项目组提出、湖南项目组承担了"集体林地农户承包责任落实情况与治理对策研究"这一课题。

根据课题要求，项目组在南方重点集体林区福建、江西、湖南和云南4省选取了400个样本农户家庭（每省2县，每县50个农户）作为调查对象。课题组通过与福建农林大学、江西农业大学、西南林业大学合作，委托开展问卷调查和农户访谈，取得了2019年样本村、样本农户集体林地承包责任落实情况的相关数据资料。本课题将以这些调查数据为基础，分析我国南方集体林区农户林地承包责任落实情况、研究影响农户林地承包责任落实的关键因素，在此基础上提出和讨论强化农户林地承包责任落实的治理对策。

# 数据分析

## 一、农户林地承包责任落实情况现状分析

农户林地承包责任落实情况,主要是对农户的林地承包责任(造林、抚育和有效管护)的履行情况进行分析和评价。根据我们的调查结果,林地已基本确权到户,农户家庭成为了集体林区营林生产的主体。农户对承包的集体林地是否有效地进行了营林生产履责,是检验和评价本次集体林权制度改革工作成败的重要标准。

### (一)集体林地确权与农户承包基本情况分析

从本次调查的4省8县40个行政村的基本情况来看(表2-1),95.29%的集体林地已经确权,在确权集体林地中,农户家庭承包经营林地占71.83%,集体统一经营林地占10.22%,其他经营(主要是社会工商资本经营)占17.95%。分县情况看,江西遂川和湖南慈利两县农户家庭承包经营占比最高,分别达96.78%和96.38%;湖南茶陵和云南永胜两县的其他经营林地占比最高,分别达到48.63%和22.71%;同时,云南永胜集体统一经营占比最高达23.08%,其次是福建的武夷山集体统一经营占比13.85%。

表2-1 2018年样本村集体林地承包确权到户情况分析

| 省份 | 样本县 | 样本村集体林地总面积(亩) | 确权林地 | | | | | |
|---|---|---|---|---|---|---|---|---|
| | | | 总面积(亩) | 家庭承包经营 | | 集体统一经营 | | 其他经营 | |
| | | | | 面积(亩) | 占比(%) | 面积(亩) | 占比(%) | 面积(亩) | 占比(%) |
| 江西 | 遂川 | 142507 | 133497 | 129197 | 96.78 | 2200 | 1.65 | 2100 | 1.57 |
| | 宜丰 | 49522 | 48742 | 41232 | 84.59 | 4470 | 9.17 | 3040 | 6.24 |
| 云南 | 禄丰 | 325890 | 304510 | 231492 | 76.02 | 23918 | 7.86 | 49100 | 16.12 |
| | 永胜 | 218561 | 210305 | 114012 | 54.21 | 48530 | 23.08 | 47763 | 22.71 |
| 湖南 | 茶陵 | 112640 | 102200 | 49150 | 48.09 | 3350 | 3.28 | 49700 | 48.63 |
| | 慈利 | 59980 | 59326 | 57180 | 96.38 | 946 | 1.60 | 1200 | 2.02 |
| 福建 | 武夷山 | 129950 | 129900 | 87900 | 67.67 | 18000 | 13.85 | 24000 | 18.48 |
| | 尤溪 | 46313 | 45713 | 32716 | 71.57 | 4292 | 9.39 | 8705 | 19.04 |
| 合计 | | 1085363 | 1034193 | 742879 | 71.83 | 105706 | 10.22 | 185608 | 17.95 |

从农户反映的家庭林地承包基本情况看(表2-2):户均承包林地面积为104.38亩,其中户均林地面积最多的是云南永胜(288.86亩),最少的是福建武夷山(31.47亩)。户均承包林地块数为3.55块,其中户均林地块数最多的是江西遂川(8.06块),最少的是云南禄丰(1.94块)。有家庭林权证的农户占比90.25%,没有家庭林权证的农户占比9.75%;从省域比较看,江西样本户林权证到户率最高达99%;福建省林权证到户率最低为67%,其中武夷山没有家庭林权证的农户数占比达30%,尤溪没有家庭林权证的农户数占比达36%。从有无承包合同看,有签订林地承包合同的农户数占比为39.25%,没有签订林地承包合同的农户数占比为60.75%;从县域情况看,云南永胜农户林地承包合同签订率最高为92%,云南禄丰农户林地承包合同签订率最低仅为6%。

表 2-2　2018 年农户家庭林地承包基本情况

| 省份 | 样本县 | 户均承包林地面积（亩） | 户均承包林地块数（块） | 有无林权证（户） | | 有无承包合同（户） | |
|---|---|---|---|---|---|---|---|
| | | | | 有 | 无 | 有 | 无 |
| 江西 | 遂川 | 144.09 | 8.06 | 50 | 0 | 17 | 33 |
| | 宜丰 | 112.43 | 3.48 | 49 | 1 | 10 | 40 |
| 云南 | 禄丰 | 82.09 | 1.94 | 49 | 1 | 3 | 47 |
| | 永胜 | 288.86 | 2.46 | 49 | 1 | 46 | 4 |
| 湖南 | 慈利 | 32.85 | 5.02 | 50 | 0 | 10 | 40 |
| | 茶陵 | 108.98 | 2.78 | 47 | 3 | 38 | 12 |
| 福建 | 武夷山 | 31.47 | 2.58 | 35 | 15 | 12 | 38 |
| | 尤溪 | 34.26 | 2.06 | 32 | 18 | 21 | 29 |
| 合计 | | 104.38 | 3.55 | 361 | 39 | 157 | 243 |
| 户均面积或占比 | | — | — | 90.25 | 9.75 | 39.25 | 60.75 |

从调查数据汇总情况看，当前农户集体林地承包率为71.83%，不足3/4；有占28.17%的集体林地或是工商资本经营或是集体统一经营（大多是名义上的集体统一经营、实质上已被集体组织经营）。从农户家庭承包经营林地来看，只有不到四成的农户家庭与集体组织签订了林地承包合同。由于大多数农户没有签订林地承包合同，所以，在他们心里，林地承包就只有权利而不知道还有相应的责任与义务，就更难谈得上能自觉履行和落实林地承包责任了。

### （二）农户林地承包责任落实情况的自我评价与分析

自2005年福建、江西首先试点，2009年全国全面推行的以"明晰产权、承包到户"为主体的集体林权制度改革十余年来，农户林地承包责任落实情况如何？课题组从以下五个方面设计调查问卷，让农户进行自我评价，数据整理结果见表2-3。

表 2-3　2018 年农户林地承包经营履责的自我评价　　　　　　　　户

| 省份 | 样本县 | 是否全部造林 | | 是否全部抚育 | | 是否有效管护 | | 有无违规采伐 | | 有无改变林地用途 | |
|---|---|---|---|---|---|---|---|---|---|---|---|
| | | 是 | 否 | 是 | 否 | 是 | 否 | 有 | 无 | 有 | 无 |
| 江西 | 遂川 | 47 | 3 | 33 | 17 | 39 | 11 | 0 | 50 | 2 | 48 |
| | 宜丰 | 45 | 5 | 29 | 21 | 42 | 8 | 0 | 50 | 5 | 45 |
| 云南 | 禄丰 | 44 | 6 | 24 | 26 | 46 | 4 | 1 | 49 | 3 | 47 |
| | 永胜 | 46 | 4 | 18 | 32 | 48 | 2 | 2 | 48 | 2 | 48 |
| 湖南 | 茶陵 | 41 | 9 | 27 | 23 | 37 | 13 | 0 | 50 | 5 | 45 |
| | 慈利 | 43 | 7 | 39 | 11 | 43 | 7 | 0 | 50 | 2 | 48 |
| 福建 | 武夷山 | 48 | 2 | 34 | 16 | 47 | 3 | 0 | 50 | 4 | 46 |
| | 尤溪 | 47 | 3 | 37 | 13 | 49 | 1 | 0 | 50 | 3 | 47 |
| 合计 | | 361 | 39 | 241 | 159 | 351 | 49 | 3 | 397 | 26 | 374 |
| 占比（%） | — | 90.25 | 9.75 | 60.25 | 39.75 | 87.75 | 12.25 | 0.75 | 99.25 | 6.5 | 93.5 |

（1）对于在承包林地上是否全部造林的问题，90.25%的农户自认为自家能够造林的地方都已经造林，但有9.75%的农户反映由于各种原因尚无完全造林。农户未完全造林的缘由主要包括：①林地被火烧尚未获得赔偿（9户，占23.08%）；②采伐后尚未造林（6户，

占15.38%）；③立地条件太差不好造林（12户，占30.77%）；④太过偏远（7户，占17.95%）；⑤被集体统一转包出去了（3户，占7.69%）；⑥公祖山（坟地）不好造林（2户，占5.13%）（图2-1）。

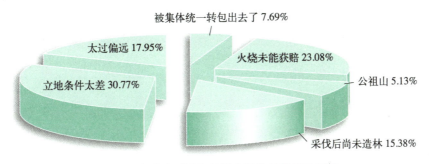

图2-1　2018年农户对承包林地未能造林的原因解释

（2）对于中幼林是否及时抚育的问题，有60.25%的农户自认为该抚育的林地已经全部抚育，39.75%的农户自认为还存在有该抚育的林地尚未抚育。对于没有及时抚育的缘由，农户的解释为：①没时间（24户，占15.10%）；②没资金（30户，占18.87%）；③没劳动力（37户，23.27%）；④没收益（44户，占27.67%）；⑤已经封山育林了（15户，占9.43%）；⑥其他（9户，占5.66%）（图2-2）。

图2-2　2018年农户对承包林地未能及时抚育的原因解释

（3）对于是否有效管护的问题，87.75%的农户自认为对承包林地进行了有效管护，12.25%的农户自认为还没能有效地管护好林地。对于没能有效管护好林地，农户给出的解释包括：①林权证至今没能拿到手（13户，占26.53%）；②存在林权纠纷（8户，占16.33%）；③林地有发生病虫鼠害（7户，占14.29%）；④林地有被火烧（14户，28.57%）；⑤林木有被盗伐（5户，占10.20%）；⑥其他（2户，占4.08%）（图2-3）。

图2-3　2018年农户对承包林地未能有效管护的原因解释

（4）对于有无改变林地用途的问题，6.5%的农户反映家庭部分林地有被改变用途的情况。主要包括：①林地有被政府征收（4户，占15.38%）；②林地有被用作家庭建房（11户，占42.31%）；③林地有被企业购买采矿（4户，占15.38%）；④林地有被改做农用地（6户，占23.08%）；⑤其他（1户，占3.85%）（图2-4）。

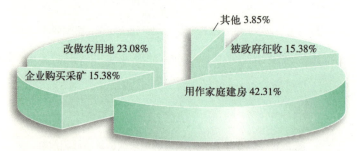

图2-4　2018年农户对林地用途改变的情况解释

（5）对于是否有违规采伐问题，除云南省有3个样本户承认因采伐指标太少有过擅自采伐（补交罚款后都得到了林业部门的追认）的情况外，其他样本户都不认为自家林地上发生过违规采伐的情况。这可能说明了以下三点：一是地方政府在执行限额采伐政策方面确实做了不少工作，政策执行到位；二是农户已经充分认识到了限额采伐的重要性，并已经能够在生产实践中自觉地贯彻执行；三是经过多年来的集中采伐，林地上还能采伐的林木已经太少。

从以上农户对林地承包责任落实情况的自我评价的统计结果（表2-3）来看，当前确实存在少数农户林地承包责任落实不到位的情况。主要反映在：约有一成农户没有在承包林地上及时造林；约有四成农户没有对林木进行及时抚育；有一成以上农户没有对林地进行有效管护；有少数农户因主客观原因不同程度地改变了林地用途；此外，还有极少数农户存在有违规采伐现象。

### （三）农户营林履责情况分析

营林履责是农户林地承包经营履责的核心内容，而宜林地又是衡量和考核农户营林履责情况的关键指标。

#### 1. 样本农户家庭宜林地现存情况

从农户层面的调查数据来看（表2-4），截至2018年年底，400户样本农户中有74户有宜林地，宜林地面积为2362.7亩，占样本户林地总面积（38757.5亩）的6.10%。

表2-4　2018年样本农户家庭宜林地情况

| 省份 | 样本县 | 宜林地农户数（户） | 宜林地面积（亩） | 近期打算造林农户数（户） | 没打算造林农户数（户） |
|---|---|---|---|---|---|
| 江西 | 遂川 | 5 | 108 | 3 | 2 |
|  | 宜丰 | 3 | 93 | 1 | 2 |
| 云南 | 禄丰 | 16 | 249.5 | 7 | 9 |
|  | 永胜 | 15 | 903.9 | 8 | 7 |
| 湖南 | 茶陵 | 16 | 876.5 | 3 | 13 |
|  | 慈利 | 12 | 101.3 | 7 | 5 |
| 福建 | 武夷山 | 3 | 16 | 2 | 1 |
|  | 尤溪 | 4 | 14.5 | 1 | 3 |
| 合计（户） |  | 74 | 2362.7 | 32 | 42 |
| 占比（%） |  | 18.50 | 6.10 | 43.24 | 56.76 |

从宜林地的类型看（表2-5），排在第一位的是荒山荒地1454亩，占宜林地面积的61.54%，主要在云南的永胜、禄丰和湖南的茶陵，江西的遂川和宜丰也有不少。荒山荒地大多在偏远地段，由于交通不便，造林成本高，管护困难，因此农户的造林积极性不高。排在第二位的是火烧迹地681亩，占宜林地面积的28.82%，主要在湖南的茶陵和慈利。2015年，茶陵县在与江西接界的一大片山区发生了特大森林山火，烧毁了数千亩林地。据被访的8家农户反映，直到现在也没有得到赔偿，所以他们一直也没有恢复造林。慈利县有6家农户共计两三百亩林地（其中2家样本户有64亩）2013年被火烧掉后由于未能得到赔偿也一直未能更新造林。排在第三位的是林间空地101.4亩，占4.29%，也主要在云南永胜、禄丰和湖南茶陵。茶陵的林间空地主要是林间的坟山，据当地老百姓说，坟山是公祖山，即使分山到户也不得随意造林，公祖山的处置权在"家族"。排在第四位的是采伐迹地共71.5亩，占3.03%。最后是其他——主要是采矿迹地有54.8亩，占2.32%。

表2-5  2018年样本户家庭现有宜林地类型情况　　　　　　　　　　　亩

| 省份 | 样本县 | 采伐迹地 | 火烧迹地 | 荒山荒地 | 林间空地 | 采矿迹地 |
|---|---|---|---|---|---|---|
| 江西 | 遂川 | 5 | 0 | 96 | 7 | 0 |
|  | 宜丰 | 0 | 0 | 87 | 6 | 0 |
| 云南 | 禄丰 | 20 | 0 | 160 | 46.5 | 23 |
|  | 永胜 | 4.5 | 0 | 865 | 9.6 | 24.8 |
| 湖南 | 茶陵 | 40 | 617 | 189 | 30.5 | 0 |
|  | 慈利 | 0 | 64 | 36 | 1.3 | 0 |
| 福建 | 武夷山 | 2 | 0 | 14 | 0 | 0 |
|  | 尤溪 | 0 | 0 | 7 | 0.5 | 7 |
| 合计 |  | 71.5 | 681 | 1454 | 101.4 | 54.8 |
| 占比（%） |  | 3.03 | 28.82 | 61.54 | 4.29 | 2.32 |
| 排序 |  | 4 | 2 | 1 | 3 | 5 |

在有宜林地的74户农户家庭中（表2-4），近期打算造林的农户32户，占43.24%；近期没打算造林的农户42户，占56.76%，近期不打算造林的原因：第一是荒山荒地和采矿迹地的立地条件太差，第二是家里人出去打工了没有劳动力造林，第三是山林被烧等待赔偿，第四是顾不上没时间造林，第五是家里没钱造林（表2-6）。

表2-6  2018年有宜林地农户近期不打算造林的原因

| 分类情况 | 没钱造林 | 没时间造林 | 没劳动力造林 | 立地条件太差 | 其他 | 合计 |
|---|---|---|---|---|---|---|
| 农户数（户） | 4 | 5 | 12 | 13 | 8 | 42 |
| 占比（%） | 9.53 | 11.90 | 28.57 | 30.95 | 19.05 | 100.00 |

对于近期不打算造林的宜林地怎么处置的问题（表2-7），42户农户中有17户选择了"暂时没有计划"；有12户选择"等有了钱再造林"；有5户选择"已经封山育林了"；有3户打算把林地流转出去；有5户选择"其他"（如等等看）。

表 2-7　近期不打算造林的宜林地的农户处置办法

| 分类情况 | 暂时没计划 | 等有了钱再造林 | 已经封山育林 | 流转出去 | 其他 |
|---|---|---|---|---|---|
| 农户数（户） | 17 | 12 | 5 | 3 | 5 |
| 占比（%） | 40.48 | 28.57 | 11.90 | 7.14 | 11.91 |

## 2. 村级宜林地现存情况

从村级层面的调查数据看（表2-8、表2-9），截至2018年年底，共有27个样本村（占67.5%）现存宜林地面积大约有51850亩，占样本村林地总面积（1085363亩）的4.78%。据村干部反映，农户家庭未能将宜林地及时造林的主要原因（表2-9）：一是一些灌木林地、石漠化林地、采矿迹地的立地条件太差，造林投入产出效率低（占43.14%）；二是劳动力外出打工，没有劳动力造林（占19.61%）；三是农户缺乏资金造林（占15.69%）；四是举家迁移城镇置业或就业（占7.84%）；五是村里已经封山育林了但林子还没有长起来（占5.88%）；六是采伐限额政策影响了农户造林积极性（占3.92%）；七是其他（主要是指地处偏远、老是被火烧、林地规模小、不便管护等合计占3.92%）。

表 2-8　2018 年宜林地较集中的样本村现有宜林地情况

| 省份 | 样本县 | 样本村林地面积（亩） | 宜林地较集中样本村 | 宜林地面积（亩） | 宜林地占比（%） |
|---|---|---|---|---|---|
| 江西 | 遂川 | 142507 | 3 | 9010 | 6.32 |
| 江西 | 宜丰 | 49522 | 2 | 390 | 0.79 |
| 云南 | 禄丰 | 325890 | 5 | 21380 | 6.56 |
| 云南 | 永胜 | 218561 | 3 | 8256 | 3.78 |
| 湖南 | 茶陵 | 112640 | 3 | 10440 | 9.27 |
| 湖南 | 慈利 | 59980 | 3 | 654 | 1.09 |
| 福建 | 武夷山 | 129950 | 5 | 1120 | 0.86 |
| 福建 | 尤溪 | 46313 | 3 | 600 | 1.30 |
| | 合计 | 1085363 | 27 | 51850 | 4.78 |

表 2-9　2018 年样本村层面农户家庭现有宜林地情况调查　　　　户

| 省份 | 样本县 | 有无宜林地 | | 有宜林地而未能造林履责的主要原因 | | | | | | | |
|---|---|---|---|---|---|---|---|---|---|---|---|
| | | 有 | 无 | 合计 | A | B | C | D | E | F | G |
| 江西 | 遂川 | 3 | 2 | 7 | 0 | 2 | 3 | 1 | 0 | 1 | 0 |
| 江西 | 宜丰 | 2 | 3 | 5 | 1 | 1 | 2 | 0 | 0 | 1 | 0 |
| 云南 | 禄丰 | 5 | 0 | 8 | 1 | 1 | 3 | 0 | 1 | 1 | 1 |
| 云南 | 永胜 | 3 | 2 | 7 | 0 | 1 | 3 | 0 | 1 | 2 | 0 |
| 湖南 | 茶陵 | 3 | 2 | 7 | 1 | 2 | 1 | 1 | 0 | 1 | 0 |
| 湖南 | 慈利 | 3 | 2 | 4 | 0 | 1 | 2 | 1 | 0 | 0 | 0 |
| 福建 | 武夷山 | 5 | 0 | 6 | 0 | 0 | 3 | 0 | 0 | 1 | 1 |
| 福建 | 尤溪 | 3 | 2 | 5 | 1 | 2 | 1 | 0 | 0 | 1 | 0 |
| | 合计 | 27 | 13 | 49 | 4 | 10 | 20 | 3 | 2 | 8 | 2 |
| | 占比（%） | 67.50 | 32.50 | 100.00 | 8.16 | 20.41 | 40.82 | 6.12 | 4.08 | 16.33 | 4.08 |

注：此题为多选题。A-举家迁往他地置业或就业；B-家庭劳动力外出打工，没有劳动力造林；C-立地条件太差，造林投入产出比低；D-已经封山育林了，但林子至今没能长起来；E-采伐限制多，农户不愿造林；F-缺乏资金；G-其他。

调查数据说明，目前宜林地确确实实在广大集体林区有一定程度的存在，且少数地方存在的规模还比较大。这就说明，本轮"明晰产权、承包到户"的集体林权制度改革，在调动绝大多数农户营林生产积极性的同时，由于家庭经济状况、林地生产条件和社会环境因素的不同影响，分化和产生出了一些农户对林地承包责任不落实的情况。农户对待宜林地的态度也反映出农户林地承包履责不力的问题，与集体林权制度改革的预期目标尚有一定差距。

## 二、2018年农户家庭林地承包责任落实的现实情况分析

### （一）2018年农户家庭营林生产活动分析

2018年样本农户家庭营林生产活动情况见表2-10。在被调查的400个样本户中，有各种营林生产活动的农户为259户，占64.75%，而没有任何营林生产活动的农户有141户，占35.25%；营林生产共投入劳动力177人，占农户家庭劳动力总人数的15.15%。其中，有造林生产活动的仅87户，占21.75%；有抚育、管护（主要是管护）活动的231户，占57.75%，而没有任何管护活动的有169户，占42.25%；有木竹采伐活动的有34户，占8.50%。通过与农户的深入访谈得知，有造林生产活动的农户一般都是家庭承包林地较多的以农林业生产为主业的农户，他们普遍都把林地看得较重，经常会上山看一看，发现有可造林的地方都会尽可能地去植树造林；有林地管护行为的农户家庭大多是以家庭中的老人隔三差五地上山去巡视和看护山林；真正有林地抚育生产行为的农户不到样本总数的1/10。

表2-10 2018年样本农户家庭营林生产活动情况统计  户

| 省份 | 样本县 | 有无营林生产 有 | 有无营林生产 无 | 营林生产人数（人） | 造林生产 有 | 造林生产 无 | 抚育、管护 有 | 抚育、管护 无 | 木竹采伐 有 | 木竹采伐 无 |
|---|---|---|---|---|---|---|---|---|---|---|
| 江西 | 遂川 | 28 | 22 | 13 | 4 | 46 | 21 | 29 | 10 | 40 |
| 江西 | 宜丰 | 32 | 18 | 17 | 11 | 39 | 26 | 24 | 11 | 39 |
| 云南 | 禄丰 | 47 | 3 | 43 | 18 | 32 | 43 | 7 | 0 | 50 |
| 云南 | 永胜 | 35 | 15 | 41 | 19 | 31 | 33 | 17 | 1 | 49 |
| 湖南 | 茶陵 | 29 | 21 | 14 | 17 | 33 | 28 | 22 | 0 | 50 |
| 湖南 | 慈利 | 36 | 14 | 26 | 8 | 42 | 34 | 16 | 2 | 48 |
| 福建 | 武夷 | 31 | 19 | 9 | 4 | 46 | 27 | 23 | 5 | 45 |
| 福建 | 尤溪 | 21 | 29 | 14 | 6 | 44 | 19 | 31 | 5 | 45 |
| 合计 | | 259 | 141 | 177 | 87 | 313 | 231 | 169 | 34 | 366 |
| 平均占比（%） | | 64.75 | 35.25 | 15.15 | 21.75 | 78.25 | 57.75 | 42.25 | 8.50 | 91.50 |

本轮集体林权制度改革以来，改革初期爆发出来的农户林业生产（特别是造林）积极性已有大幅衰减，多数农户家庭的主业已经发生改变。由于承包林地上有采伐价值的林木（中成熟林）普遍采伐殆尽，加之政府严格的限额采伐管理措施，以至于当前的营林生产已经成为了"只见投入、不见产出"的单向投资活动，这就造成了一些地方"自觉地履行营林生产责任的农户数日渐减少、而营林生产责任不落实的农户数越来越多"的消极现象。

## (二) 农户家庭营林生产要素投入分析

生产投入要素主要包括劳动力、资金、土地、经营者才能。林地承包到户以后,由于农户林业生产经营能力和林地规模在短时期内比较稳定,因此,评价农户林地承包经营责任落实情况的关键指标就是有没有、有多少营林资金和劳动力的投入。

2018年,样本农户全年营林生产投入情况见表2-11。数据显示各地差异很大。家庭营林生产投入最多的是福建武夷山,5个样本村50个样本户家庭营林生产支出户均达21516.88元;据反映,主要是因为当地成立了"茶叶生产经营合作社",农户大量种植茶叶,化肥和人力支出都比较大。家庭营林生产支出最少的是福建尤溪,5个样本村50个样本户家庭营林生产支出户均仅2637.35元;据农户反映,主要是因为当地大量劳动力外出务工和转移就业,因此很少有农户投资林业。地域比较而言,多林地区农户家庭营林投资相对较多一些,如云南永胜与禄丰、江西遂川等。从营林生产支出项目来看,主要是劳动力投入,其中家庭自投劳动力支出户均4988.14元(主要是看护山林用工),雇佣劳动力支出户均2405.87元(主要是林业大户);而种苗支出户均约202.17元。这就充分说明,目前真正意义上的农户家庭营林生产支出占比很少。

表2-11　2018年普通样本农户林业生产投入情况统计

| 省份 | 样本县 | 农户家庭林业生产户均支出(元/户) | | | | | | |
|---|---|---|---|---|---|---|---|---|
| | | 总支出 | 种苗 | 化肥农药 | 自投劳动力 | 雇佣劳动力 | 机械或畜力 | 其他 |
| 江西 | 遂川 | 7149.70 | 544.80 | 5.00 | 1673.60 | 4916.30 | 10.00 | 0.00 |
| | 宜丰 | 5510.10 | 102.20 | 69.00 | 3534.20 | 1774.40 | 30.30 | 0.00 |
| 云南 | 禄丰 | 7828.19 | 275.70 | 806.94 | 6290.45 | 100.00 | 355.10 | 0.00 |
| | 永胜 | 15372.61 | 339.13 | 444.35 | 10960.87 | 3343.48 | 273.91 | 10.87 |
| 湖南 | 茶陵 | 4830.00 | 163.60 | 185.00 | 3441.40 | 1000.00 | 0.00 | 40.00 |
| | 慈利 | 4611.68 | 16.20 | 211.88 | 4196.60 | 187.00 | 0.00 | 0.00 |
| 福建 | 武夷山 | 21516.88 | 148.00 | 3953.80 | 8128.40 | 7372.68 | 1822.00 | 92.00 |
| | 尤溪 | 2637.35 | 27.76 | 296.94 | 1679.59 | 553.06 | 80.00 | 0.00 |
| 平均 | | 8682.06 | 202.17 | 746.61 | 4988.14 | 2405.87 | 321.41 | 17.86 |

注:表中"自投劳动力"和"雇佣劳动力"是分别按照农户给出的工日数乘以当地劳动力工日价格得到的估算值。

表2-12是包括劳动力投入在内的2018年样本户家庭营林生产支出情况等级分类表。从统计数据看,样本户中全年营林生产零投入的农户家庭有占30.75%,不足1000元的农户家庭有占12.00%,在1000～5000元之间的农户家庭占24.25%,在5000～10000元之间的农户家庭占13.00%,只有20.00%的农户家庭全年营林生产投入超过了10000元。从个体情况来看,营林生产投入超过10000元的农户不是以林业生产为主业的林业大户就是武夷山地区的茶农。从地域比较看,在云南永胜,全年营林生产零投入的农户数达到了样本数的48.00%;福建尤溪营林生产年投入少于1000元的农户数达到了56.00%。只有福建武夷山地区,由于有"茶叶生产经营合作社"的组织,推动了绝大多数农户家庭都有较高茶叶生产投入,家庭林业生产年均投入在10000元以上的农户数占到了样本户总数的64.00%。

表 2-12　2018 年样本农户家庭营林生产支出分类统计

| 省份 | 样本县 | 农户家庭营林生产投入分类户数（户） | | | | |
|---|---|---|---|---|---|---|
| | | 0 | 0～1000元 | 1000～5000元 | 5000～10000元 | 10000元以上 |
| 江西 | 遂川 | 18 | 8 | 13 | 6 | 5 |
| | 宜丰 | 14 | 7 | 15 | 7 | 7 |
| 云南 | 禄丰 | 7 | 10 | 18 | 8 | 7 |
| | 永胜 | 24 | 3 | 8 | 2 | 13 |
| 湖南 | 茶陵 | 19 | 5 | 5 | 15 | 6 |
| | 慈利 | 12 | 7 | 17 | 7 | 7 |
| 福建 | 武夷山 | 7 | 2 | 8 | 1 | 32 |
| | 尤溪 | 22 | 6 | 13 | 6 | 3 |
| 合计（户） | | 123 | 48 | 97 | 52 | 80 |
| 占比（%） | | 30.75 | 12.00 | 24.25 | 13.00 | 20.00 |

## （三）农户家庭营林生产收益分析

2018年样本农户家庭林业收入户均17307元，占户均总收入的40.16%。农户家庭林业户均收入中，第一是经济林收入11504元/户，占66.47%；第二是竹林收入1721元/户，占9.94%；第三是林下经济收入1435元/户，占8.29%；第四是转移性林业收入1012元/户，占5.85%；第五是用材林收入962元/户，占5.56%；第六是林业财产性收入333元/户，占1.92%（主要是林地使用权转让）；第七是涉林打工收入240元/户，占1.39%；其他收入100元/户，占0.58%（表2-13）。

表 2-13　2018 年样本农户户均收入情况　　　　　　　　　　　　　　　　元/户

| 地区 户均收入 | | 湖南 | | 江西 | | 福建 | | 云南 | | 总户均 | 占比（%） |
|---|---|---|---|---|---|---|---|---|---|---|---|
| | | 茶陵 | 慈利 | 遂川 | 宜丰 | 武夷山 | 尤溪 | 禄丰 | 永胜 | | |
| 户均家庭总收入 | | 11055 | 22606 | 16068 | 23709 | 140098 | 56063 | 32896 | 42243 | 43092 | — |
| 户均林业收入 | | 3505 | 5583 | 6211 | 10363 | 91047 | 12302 | 3398 | 6049 | 17307 | — |
| 其中 | 用材林 | 0 | 80 | 360 | 6250 | 0 | 100 | 902 | 0 | 962 | 5.56 |
| | 竹林 | 0 | 48 | 3105 | 2336 | 6574 | 1668 | 40 | 0 | 1721 | 9.94 |
| | 经济林 | 600 | 240 | 80 | 0 | 84320 | 952 | 1540 | 4300 | 11504 | 66.47 |
| | 林下经济 | 90 | 44 | 380 | 23 | 0 | 9376 | 666 | 900 | 1435 | 8.29 |
| | 涉林打工 | 512 | 1220 | 0 | 0 | 0 | 191 | 0 | 0 | 240 | 1.39 |
| | 财产性 | 1461 | 0 | 0 | 1200 | 0 | 0 | 0 | 0 | 333 | 1.92 |
| | 转移性 | 542 | 3917 | 1817 | 554 | 153 | 15 | 250 | 849 | 1012 | 5.85 |
| | 其他 | 300 | 34 | 469 | 0 | 0 | 0 | 0 | 0 | 100 | 0.58 |
| 林业收入占比（%） | | 31.71 | 24.7 | 38.65 | 43.71 | 64.99 | 21.94 | 10.33 | 14.32 | 40.16 | — |

首先，从林业收入占家庭总收入的比例情况看，福建武夷山地区由于建立了"茶叶生产经营合作组织"，农户依靠生产特色茶叶产品而使得家庭林业收入占总收入的比例达到了64.99%；其他地区农户家庭林业收入占比大多在40%以下，特别是云南省农户家庭林业收入占比还不到15%。在市场经济条件下，农户收益最大化的生产经营目的决定了农户在个体经济单位维度上有效配置生产要素的行为选择；也就是说，林业收入的高低，会直接影响到农户的营林生产投入和落实承包林地责任的积极性。

其次，在林业收入结构中，用材林收入是传统的主业收入，但2018年的用材林收入户均不足1000元，这么低的林业主业收入，怎么可能提振农户造林、抚育、管护等营林生产的积极性呢？值得一提的是，2018年的林业转移性收入排在了农户家庭林业收入的第四位，其主要成分是政府发放的公益林生态补偿金——即是对公益林农户限制采伐的一种补偿。公益林生态补偿虽然已经成为农户家庭收入的一个重要来源，但是由于其拨付补贴标准是按照林地类型及面积，基本上不与农户承包林地的责任落实情况挂钩，所以，其对促进林农落实林地承包责任产生的激励效用有限。在利益机制面前，要提高农户营林生产的积极性和林地承包责任落实的自觉性，首要的是要提高农户营林生产的比较收益和营林主业收入在林业收入中的份额。

## 三、农户林地承包责任落实的影响因素分析

农户林地承包责任落实情况受诸多因素影响，要了解和把握这些因素究竟是如何影响农户对承包林地责任的落实和哪些因素起关键影响作用，就必须立足于调查研究，对农户林地承包履责行为的相关表现进行深入分析。

### （一）农户家庭特征因素

#### 1. 户主个体特征

户主是家庭的核心，对家庭经济行为具有重要影响。户主的个体特征是指被访农户家庭户主的个人情况，包括年龄、文化程度、职业、是否从事与林业生产经营有关的活动、是否村干部等。户主个体特征调查数据显示（表2-14）：当前农户家庭户主年龄在51~60岁的居多，占36.25%，其次是61岁以上的达33.75%，50岁以下的共占30%，老龄化现象十分明显。从受教育程度来看，小学及以下文化占34.50%，初中文化占比最多为44.25%，高中以上文化占21.25%。村组干部和普通农户家庭分别占28.00%和72.00%。从职业来看，长期在家务农的占54.25%，务农兼副业（包括打工）的占17.5%，长期在外打工的占6.25%，有固定工资收入（主要是村干部）的占16%，其他（主要是退休或长期在外做生意）的占6%。一般而言，文化程度越低、年龄越大者，越偏向于对承包林地责任的落实；职业为长期务农者、尤其是村组干部，越偏向于对承包林地责任的落实。然而，调查数据显示，近三年户主从事过林业生产活动的农户数占42.75%；户主较长时期不从事林业生产活动的农户家庭对林地承包生产责任显然是很难做到认真落实的。

表2-14 2018年样本农户家庭户主特征分析

| 年龄（岁） | 30以下 | 31~40 | 41~50 | 51~60 | 61以上 |
| --- | --- | --- | --- | --- | --- |
| 占比（%） | 0.25 | 4.75 | 25.00 | 36.25 | 33.75 |
| 受教育程度 | 小学及以下 | 初中 | 高中或中专 | 大专及以上 | — |
| 占比（%） | 34.50 | 44.25 | 19.00 | 2.25 | — |
| 职业 | 务农 | 务农兼副业 | 长期打工 | 固定工资收入 | 其他 |
| 占比（%） | 54.25 | 17.50 | 6.25 | 16.00 | 6.00 |
| 是否村组干部 | 是 | 否 | — | — | — |
| 占比（%） | 28.00 | 72.00 | — | — | — |
| 户主近三年有无从事过林业生产活动 | | | | 有 | 无 |
| 占比（%） | | | | 42.75 | 57.25 |

对于"村组干部对林地承包责任落实是否有影响及其影响的程度",问卷调查的统计结果如图2-5所示。认为没有影响的占样本户的30%,认为有影响但影响不大的占55%,认为影响较大的占15%。由此可见,当前村组干部对农户林地承包责任落实的影响有限;其原因主要是因为林地确权到户以后,农户普遍认为,林地是自家财产了,不用干部"操心";其次农村信息化的发展和一家一户的自主生产活动都在一定程度上弱化了村组干部对农户家庭林地承包履责的影响。

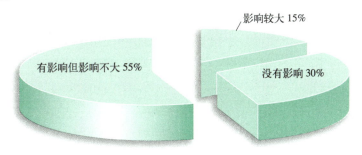

图 2-5 村组干部对农户林地承包履责的影响分析

### 2. 劳动力

林业本来就是一个劳动力密集型产业,林地承包责任的落实意味着农户家庭必须投入一定量的劳动力来从事造林、抚育和林地管护,否则就不可能落实好林地承包的各项责任。2018年样本农户家庭劳动力和非农就业情况统计见表2-15。

(1) 从家庭劳动力情况看:家庭没劳动力的农户数占4.25%,家庭有1个、2个、3个、4个、5个、6个及以上劳动力的农户数分别占5.25%、34.75%、23.50%、20.25%、7.50%和4.50%,家庭劳动力在2~4人的样本户共有314户,占78.50%。深入的调查访谈了解到,劳动力人数较多的家庭并没有对其林地承包履责产生多大的积极影响,主要因为劳动力越多的家庭其外出打工的人数也越多;当前农村真正能留下来从事农林业生产的人员大多都是老弱妇孺;农业尤其是林业,已经成为了留守老弱妇孺的看家基业。

(2) 从非农就业情况看:样本地区农户家庭劳动力平均非农就业率达38.90%,其中主要是长期外出务工人员占非农就业劳动力的82.16%。从地域比较看,江西的遂川和宜丰最高,都超过了60%;最低为福建的武夷山地区,非农就业占家庭劳动力人数的12.57%,主要是由于当地推动特色茶叶产品生产,地区经济相对发达,很少有外出打工人员。其他地区外出打工劳动力一般都在三四成之间;但总体来看,近年来劳动力向非农产业转移的趋势相当明显。从调查的实际情况看,大量的非农就业已经对农户的林地承包履责带来了消极影响。

表2-15 2018年被访农户家庭劳动力情况

| 省份 | 样本县 | 家庭劳动力人数（人） | | | | | | | 非农就业比例（%） |
|---|---|---|---|---|---|---|---|---|---|
| | | 0 | 1 | 2 | 3 | 4 | 5 | ≥6 | |
| 江西 | 遂川 | 2 | 2 | 16 | 12 | 11 | 5 | 2 | 61.59 |
| | 宜丰 | 4 | 4 | 20 | 9 | 11 | 1 | 1 | 62.20 |
| 云南 | 禄丰 | 0 | 3 | 23 | 10 | 10 | 3 | 1 | 28.57 |
| | 永胜 | 2 | 3 | 17 | 12 | 8 | 5 | 3 | 28.86 |
| 湖南 | 茶陵 | 0 | 2 | 17 | 15 | 11 | 4 | 1 | 47.02 |
| | 慈利 | 4 | 5 | 17 | 14 | 8 | 2 | 0 | 45.53 |
| 福建 | 武夷山 | 0 | 0 | 17 | 13 | 10 | 6 | 4 | 12.57 |
| | 尤溪 | 5 | 2 | 12 | 9 | 12 | 4 | 6 | 32.08 |
| 合计 | | 17 | 21 | 139 | 94 | 81 | 30 | 18 | 38.90 |
| 占比（%） | | 4.25 | 5.25 | 34.75 | 23.50 | 20.25 | 7.50 | 4.50 | — |

注：①劳动力是指年龄16周岁到60周岁之间具有劳动能力的人，不包括军人和学生；②非农就业比例是指在非农产业就业的劳动力人数占家庭劳动力总数的比例。

### 3. 农户家庭收入

农户营林生产投资主要来源于农户家庭收入，因此，农户家庭收入是影响农户林地承包履责的重要因素。直观来看，农户林地承包履责与农户家庭收入之间应存在正向相关关系，家庭收入越高，越有利于农户的承包责任落实。从农户收入构成来看，农户家庭收入主要有农业收入、林业收入、工资性收入（含打工收入）、补贴收入、其他收入等。本研究重点关注与农户林地承包履责关系密切的家庭总收入和林业收入，通过对农户的问卷调查，分析农户收入水平对林地承包履责行为的影响。

农户家庭收入是否会对农户林地承包责任落实产生影响，以及产生多大的影响？为分析这一问题，我们将2009年以来湖南省集体林权制度改革监测样本农户数据进行整理，统计数据见表2-16。

表2-16 2009—2018年样本农户户均收入与林业投入变化

| 年份 | 林业收入（元） | 家庭总收入（元） | 林业收入占总收入（%） | 林业生产支出（元） |
|---|---|---|---|---|
| 2009 | 2681.35 | 52495.84 | 5.11 | 4860.38 |
| 2010 | 3395.76 | 56730.23 | 5.99 | 7084.12 |
| 2011 | 4266.18 | 60897.42 | 7.01 | 14393.10 |
| 2012 | 6106.33 | 66120.76 | 9.24 | 6508.68 |
| 2013 | 5844.25 | 68201.21 | 8.57 | 7857.44 |
| 2014 | 5004.42 | 55933.29 | 8.95 | 7329.77 |
| 2015 | 3444.46 | 55411.16 | 6.22 | 5805.47 |
| 2016 | 2543.81 | 56828.95 | 4.48 | 4866.75 |
| 2017 | 2576.12 | 59339.50 | 4.34 | 5075.02 |
| 2018 | 2603.32 | 60554.37 | 4.30 | 4948.79 |

注：数据来源于湖南省集体林权制度改革监测数据库。

表2-16数据显示，2009—2018年，农户家庭林业收入、总收入与林业生产支出都呈现先

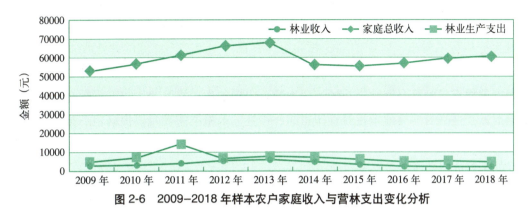

图 2-6 2009—2018 年样本农户家庭收入与营林支出变化分析

扬后抑趋势。从分析图上看（图2-6），2009—2013年，农户家庭林业收入和总收入都逐年上升，说明林改后林业收入和家庭总收入都逐年得到了提高，农户的生产积极性得到了极大鼓舞，这也在很大程度上促进了农户的林地承包经营履责。从2009—2011年的数据上看，农户的营林生产支出呈大幅上升趋势，其中，2011年家庭营林生产投资上升幅度最大，达到了历史最高水平（14393.10元），比2009年增长了196.11%。在2009—2011年间，湖南省各地农户造林积极性高涨，造林面积大增。但2011年以后，农户家庭林业生产支出基本上逐年下降，并没有表现出与家庭林业收入和总收入同步变化的趋势；这就说明农户家庭收入水平对家庭林业生产的投资行为并没有显著的正向影响，2009—2011年间农户家庭林业生产年支出大幅增长主要应归因于制度变革的激励效应。

2013年以后，首先是农户家庭总收入、接下来是家庭林业收入开始逐年下降。家庭收入下降，主要缘于2008年以来世界金融危机对中国经济影响造成的农民外出打工越来越困难、农户家庭的打工收入逐年下降；农户家庭林业收入下降，主要缘于湖南省自2013年以来各地区逐步推进封山育林，木材采伐量逐年减少所致。自2013年以来，由于农户家庭总收入和林业收入双下降，农户家庭营林生产支出也进一步呈现出下降态势，农户的林地承包经营履责积极性明显地出现了下滑。

再从林业收入占家庭总收入比例与林业生产支出的关系来看（图2-7），2009—2012年，林业收入占家庭总收入比例逐年增加，且增加幅度逐年加大；但2013年以来，农户家庭林业收入占总收入比例逐年下降，2018年农户家庭的林业收入和林业收入占家庭总收入的比例已经大大低于林改前的2009年水平。而农户家庭的林业生产支出自2011年达到历史最高水平后，已经逐年下滑；2018年农户家庭的林业生产支出已经回到了林改前的2009年水平。

图 2-7 农户家庭林业收入占比与营林支出变化分析

以上分析可以看出，农户家庭的林业生产投资行为与农户家庭的林业收入及林业收入占家庭总收入的比重之间确实存在一定的关联；这也就反映出随着农户受教育程度和社会信息化程度的提高以及社会流动就业的快速发展，农户的生产投资行为也变得越来越现实、理性。因此，要提高农户林地承包经营履责的积极性，最根本的就是要提高农户家庭的林业生产经营收益，让农户切切实实体会到林业是一个能"挣钱"的产业，让"绿水青山就是金山银山"的美好蓝图变成社会发展的现实。

## （二）林地特征因素

### 1. 林地规模

林地规模一般用农户所经营的林地面积来反映。理论上一般认为，林地规模大小，会改变林农营林履责的规模效益，影响林农林地承包经营履责的积极性。林地面积越大，农户越倾向于增加营林投资和强化林地管护，因此，农户林地承包经营履责会随着林地面积的扩大而呈现上升的趋势。

从调查情况来看（表2-17），农户家庭承包经营林地面积各地存在较大差异，最大规模为云南永胜新田林业大户叶某家庭承包经营林地面达3351.90亩，最小规模同样为云南永胜金某家庭承包经营林地面积仅为0.60亩（据说林地已转到子女名下），农户家庭平均林地规模为104.38亩。从样本户个体情况看（表2-18），家庭林地面积10亩以下的占15.25%，10～50亩的占41.75%，50～100亩的占17.75%，100～500亩的占21.75%，500亩以上的占3.5%。

表 2-17　2018 年样本户家庭林地经营规模统计

| 省份 | 样本县 | 最大林地面积（亩） | 最小林地面积（亩） | 户均林地面积（亩） |
| --- | --- | --- | --- | --- |
| 江西 | 遂川 | 504.00 | 3.20 | 144.09 |
|  | 宜丰 | 1112.50 | 12.30 | 112.43 |
| 云南 | 禄丰 | 2082.00 | 5.00 | 82.09 |
|  | 永胜 | 3351.90 | 0.60 | 288.86 |
| 湖南 | 茶陵 | 1004.10 | 2.00 | 108.98 |
|  | 慈利 | 147.00 | 2.00 | 32.85 |
| 福建 | 武夷山 | 122.00 | 6.00 | 31.47 |
|  | 尤溪 | 328.00 | 1.30 | 34.26 |
| 全部样本户 |  | 3351.90 | 0.60 | 104.38 |

表 2-18　2018 年样本户家庭林地经营规模分类统计

| 省份 | 样本县 | 农户家庭林地规模分类户数 | | | | |
| --- | --- | --- | --- | --- | --- | --- |
|  |  | 10 亩以下 | 10～50 亩 | 50～100 亩 | 100～500 亩 | 500 亩以上 |
| 江西 | 遂川 | 1 | 9 | 15 | 23 | 2 |
|  | 宜丰 | 0 | 17 | 15 | 17 | 1 |
| 云南 | 禄丰 | 7 | 30 | 8 | 4 | 1 |
|  | 永胜 | 11 | 12 | 3 | 15 | 9 |
| 湖南 | 茶陵 | 9 | 10 | 15 | 15 | 1 |
|  | 慈利 | 10 | 31 | 6 | 3 | 0 |

(续)

| 省份 | 样本县 | 农户家庭林地规模分类户数 ||||| 
|---|---|---|---|---|---|---|
| | | 10亩以下 | 10～50亩 | 50～100亩 | 100～500亩 | 500亩以上 |
| 福建 | 武夷山 | 3 | 37 | 6 | 4 | 0 |
| | 尤溪 | 20 | 21 | 3 | 6 | 0 |
| 合计（户） | | 61 | 167 | 71 | 87 | 14 |
| 占比（%） | | 15.25 | 41.75 | 17.75 | 21.75 | 3.50 |

从总的情况看，农户家庭林地面积普遍不多，500亩以上的林业大户占比很少（仅占3.50%），所以很难形成规模效益。总体而言，家庭林地面积多的农户其林业收入相对较多，林业生产投入也就较多，林地承包经营履责相对较好；而林地面积较少的农户家庭，由于林业收益少，林业在家庭中的地位就低，林地承包责任落实情况就会相对较差。

**2. 林地块数**

从林业经营角度看，农户家庭林地块数越多，林地就越细碎化，这会导致经营成本增加，会对农户承包经营履责行为产生消极影响。同时，每块林地的面积越少，说明林地的细碎化程度越高；林地细碎化程度越高，会导致林地承包履责难度增大。本次调查数据显示（表2-19），4省400样本农户户均林地块数为3.55块，平均每块林地面积为29.42亩。从林地块数分布情况看，家庭有1块林地的农户数99户，占24.75%；有2～3块林地的农户数最多为161户，占40.25%；4～5块林地的农户数64户，占16.00%，6～7块林地的农户数27户，占6.75%；8～9块林地的农户数20户，占5.00%；10块以上林地的农户数29户，占7.25%。

表2-19 样本农户家庭林地块数分类统计

| 省份 | 样本县 | 农户家庭林地块数分类（户） |||||| 平均家庭林地块数（块） | 平均每块面积（亩） |
|---|---|---|---|---|---|---|---|---|---|
| | | 1 | 2～3 | 4～5 | 6～7 | 8～9块 | 10块以上 | | |
| 江西 | 遂川 | 0 | 4 | 7 | 12 | 8 | 19 | 8.06 | 17.88 |
| | 宜丰 | 5 | 27 | 12 | 0 | 6 | 0 | 3.48 | 32.31 |
| 云南 | 禄丰 | 20 | 23 | 6 | 1 | 0 | 0 | 1.94 | 42.31 |
| | 永胜 | 21 | 17 | 8 | 2 | 1 | 1 | 2.46 | 111.10 |
| 湖南 | 茶陵 | 14 | 23 | 8 | 5 | 0 | 0 | 2.78 | 39.20 |
| | 慈利 | 7 | 15 | 10 | 5 | 4 | 9 | 5.02 | 6.54 |
| 福建 | 武夷山 | 10 | 28 | 11 | 1 | 0 | 0 | 2.58 | 12.20 |
| | 尤溪 | 22 | 24 | 2 | 1 | 1 | 0 | 2.06 | 16.63 |
| 合计 | | 99 | 161 | 64 | 27 | 20 | 29 | 3.55 | 29.42 |
| 占比（%） | | 24.75 | 40.25 | 16.00 | 6.75 | 5.00 | 7.25 | — | — |

从地域比较看，样本户家庭户均林地最多的是江西遂川户均8.06块，户均林地最少的是云南禄丰户均林地1.94块；林地细碎化程度最高的为湖南慈利，平均每块林地面积仅6.54亩；林地细碎化程度最小的是云南永胜，平均每块林地面积达111.10亩。从农户调查访谈得到的信息来看，农户家庭林地块数多、平均每块林地面积少，确实给农户家庭林地承包经营履责带来了实际困难。

### 3. 林地类型

根据立地条件和生态功能作用不同，林地被区分为公益林和商品林；国家对公益林和商品林的管理政策存在很大差异。对于公益林，政策上禁止或限制采伐，国家和地方财政给予逐年增加的生态补偿；对于商品林，政策上逐步放开，由农户自主经营。从农户访谈情况来看，在森林资源较丰富的地区，诸如江西遂川、云南永胜、湖南茶陵等县，由于林地资源丰富、山上有木可伐，而公益林生态补偿标准较低，公益林农户纷纷要求放宽对公益林的限额采伐政策或是要求将公益林转划成商品林；而在森林资源较贫瘠的地区，诸如湖南慈利、福建尤溪、云南禄丰等县，由于山上少有木材可砍，商品林经营收入不多，商品林农户则巴望着能将林地划分成公益林，从而能获得公益林生态补偿。由此可以看出，农户经营山林的主要目标就是要能增加收入，林地类型及由此产生的收入差异已经成为当前影响农户营林生产积极性和林地承包经营履责行为的重要因素。

从调查数据看（表2-20），全部为公益林的农户家庭占23.25%，全部为商品林的占64.50%，兼有林农户（既有公益林又有商品林）占12.25%。分县情况看，福建尤溪样本农户全部是商品林，武夷山地区商品林占比也很高；江西遂川、云南禄丰、湖南茶陵虽然样本农户以商品林为主，但由于有相当比例的公益林的存在，公益林与商品林管理政策的巨大差异就导致了该地区农户对待公益林承包责任不力现象；云南永胜、湖南慈利样本农户以公益林为主，故此该地区农户林地承包经营履责出现的问题就相对更多些。

表 2-20　2018 年样本户家庭林地类型特征　　　　　　　　　　　　　户

| 省份 | 样本县 | 林地类型 | | | 备注 |
| --- | --- | --- | --- | --- | --- |
| | | 公益林 | 商品林 | 兼用林 | |
| 江西 | 遂川 | 0 | 32 | 18 | 商品林为主 |
| | 宜丰 | 15 | 25 | 10 | 典型混合林 |
| 云南 | 禄丰 | 8 | 41 | 1 | 商品林为主 |
| | 永胜 | 25 | 21 | 4 | 公益林为主 |
| 湖南 | 茶陵 | 9 | 35 | 6 | 商品林为主 |
| | 慈利 | 30 | 13 | 7 | 公益林为主 |
| 福建 | 武夷山 | 6 | 41 | 3 | 商品林为主 |
| | 尤溪 | 0 | 50 | 0 | 全部商品林 |
| 合计 | | 93 | 258 | 49 | — |
| 占比（%） | | 23.25 | 64.50 | 12.25 | — |

## （三）政策因素

对农户林地承包经营履责影响较大的政策因素主要是采伐限额管理、林业财政补贴、森林保险和林地"三权分置"下的林地经营权流转。

### 1. 采伐限额管理

现行森林采伐限额管理使林木不能按照最佳的经济轮伐期进行经营生产，降低了营林效益，增加了营林风险。森林采伐限额管理在一定程度上约束了农户的林地承包经营履责行为，国家按照5年为一个计划期调整采伐限额量，那么林业经营者就不能按照市场的供求关系去调整采伐数量，限制了经营主体的合法收益权和处分权。据问卷调查与农户访谈了解，约70%的林农认为，林木限额采伐问题是影响其生产经营的重要因素，甚至有超过一半的受访农户将其列为首要因素。因此，由于采伐限额的影响，使经营主体的权利无法得到充分执行，增加了农户的交易成本，必然会降低农户的林业生产积极性，并导致林地承包经营者对林地承包责任的落实产生抵触行为。

**2. 林业财政补贴**

2018年样本农户获取国家林业财政补贴情况见表2-21。国家林业财政补助项目主要有生态公益林补偿金、人工造林补贴和中幼林抚育补贴、林下经济补贴和其他补贴等。2018年样本农户户均获得国家林业财政补贴459.58元，占户均林业收入17307元的2.66%；其中，生态补偿金318.35元，占财政补贴总额的69.27%；造林补贴40.22元，占8.75%；抚育补贴14.6元，占3.18%；林下经济补贴57.67元，占12.55%；其他（主要是林机具购买补贴）28.75元，占6.25%。

表2-21 2018年样本户获得国家林业财政补贴情况

| 省份 | 样本县 | 财政补助（元） | | | | | |
|---|---|---|---|---|---|---|---|
| | | 生态补偿 | 造林补贴 | 抚育补贴 | 林下经济 | 其他 | 合计 |
| 江西 | 遂川 | 10742.40 | 15000 | 0 | 0 | 2067.70 | 27810.10 |
| | 宜丰 | 26585.20 | 0 | 0 | 0 | 225.00 | 26810.20 |
| 云南 | 禄丰 | 10262.00 | 0 | 0 | 0 | 460.00 | 10722.00 |
| | 永胜 | 27883.90 | 0 | 5720 | 22068 | 5708.00 | 61379.90 |
| 湖南 | 茶陵 | 26794.50 | 0 | 0 | 0 | 200.00 | 26994.50 |
| | 慈利 | 17616.50 | 0 | 0 | 0 | 2478.00 | 20094.50 |
| 福建 | 武夷山 | 7454.25 | 590 | 120 | 1000 | 0.00 | 9164.25 |
| | 尤溪 | 0.00 | 498 | 0 | 0 | 360.00 | 858.00 |
| 合计 | | 127338.75 | 16088 | 5840 | 23068 | 11498.70 | 183833.45 |
| 户均 | | 318.35 | 40.22 | 14.6 | 57.67 | 28.75 | 459.58 |
| 占比（%） | | 69.27 | 8.75 | 3.18 | 12.55 | 6.25 | — |

由表2-21的数据可以看出，国家对于农户的造林补贴和抚育补贴明显不足。集体林地承包到户以后，农户的承包经营责任主要就是扩大造林和加强抚育。在一项针对有宜林地农户开展的关于"政府出台何种政策措施，您会对宜林地积极造林？"的问卷调查中，统计数据显示有占63.14%的答题选项为是要求政府提供造林补贴（表2-22）。由此可见，提供造林补贴对农户林地承包经营履责确实能够起到很重要的促进作用。据农户反映，现有宜林地一般立地条件都很差，要造林就得付出较大投资，这对于普通农户家庭来说一般都很难承受，当然不会有积极性。令人欣慰的是，随着林业生态公益性事业地位的确立和党中央"绿色发展"理念的贯彻执行，国家对于林业的财政补贴已经逐年增多。这对于调动林农的营林生产积极性、提高农户林地承包经营履责的自觉性、推动林业生产和生态建设，确实会发挥越来越重要的作用。

表 2-22  2018 年样本户期望对宜林地造林的激励措施　　　　　　　　　　　　户

| 省份 | 样本县 | 改革采伐政策 | 提供造林补贴 | 开展科技培训 | 提供良种壮苗 | 其他 |
|---|---|---|---|---|---|---|
| 江西 | 遂川 | 10 | 36 | 1 | 9 | 10 |
| 江西 | 宜丰 | 5 | 44 | 3 | 5 | 4 |
| 云南 | 禄丰 | 6 | 28 | 10 | 8 | 0 |
| 云南 | 永胜 | 0 | 37 | 5 | 8 | 8 |
| 湖南 | 茶陵 | 8 | 37 | 1 | 9 | 1 |
| 湖南 | 慈利 | 4 | 32 | 1 | 11 | 2 |
| 福建 | 武夷山 | 0 | 3 | 0 | 0 | 0 |
| 福建 | 尤溪 | 0 | 4 | 0 | 0 | 0 |
| 合计 |  | 33 | 221 | 21 | 50 | 25 |
| 占比（%） |  | 9.43 | 63.14 | 6.00 | 14.29 | 7.14 |

注：此问题只针对家庭中有宜林地农户，且可多项选择。

### 3. 政策性森林保险

开展政策性森林保险的政策目标是为林业生产经营者减灾防灾，降低林业生产经营风险，保障营林者利益。2018年江西、云南、湖南、福建4省8个样本县中有5个样本县对农户的公益林和商品林全部由政府林业部门统保；只有湖南的两个样本县和福建的武夷山县只对公益林实行政府统保，商品林则由农户自主投保。调查数据表明（表2-23），有占81.25%的样本农户认为森林保险重要，但对国家政策性森林保险政策表示"了解"的农户数占51.50%，"不了解"的农户数占48.50%。在全部400样本农户中，2018年参加森林保险的农户数192户，占样本户总数的48.00%；参保农户全部为政府统保，没有农户自主投保。

表 2-23  2018 年样本户参加森林保险情况

| 省份 | 样本县 | 对森林保险政策（户） | | 森林保险重要吗（户） | | 有没有参保（户） | | 参保途径（户） | | 参保面积（亩） | |
|---|---|---|---|---|---|---|---|---|---|---|---|
|  |  | 了解 | 不了解 | 重要 | 不重要 | 有 | 没有 | 统保 | 自投 | 公益林 | 商品林 |
| 江西 | 遂川 | 26 | 24 | 34 | 16 | 14 | 36 | 14 | 0 | 229.85 | 936.40 |
| 江西 | 宜丰 | 26 | 24 | 33 | 17 | 15 | 35 | 15 | 0 | 422.85 | 988.50 |
| 云南 | 禄丰 | 31 | 19 | 47 | 3 | 42 | 8 | 42 | 0 | 448.71 | 3340.26 |
| 云南 | 永胜 | 14 | 36 | 42 | 8 | 32 | 18 | 32 | 0 | 7078.11 | 1249.20 |
| 湖南 | 茶陵 | 27 | 23 | 48 | 2 | 18 | 32 | 18 | 0 | 1987.11 | 0 |
| 湖南 | 慈利 | 35 | 15 | 41 | 9 | 35 | 15 | 35 | 0 | 1200.3 | 0 |
| 福建 | 武夷 | 15 | 35 | 39 | 11 | 0 | 50 | 0 | 0 | 0 | 0 |
| 福建 | 尤溪 | 32 | 18 | 41 | 9 | 36 | 14 | 36 | 0 | 0 | 1055.97 |
| 合计 |  | 206 | 194 | 325 | 75 | 192 | 208 | 192 | 0 | 11366.93 | 7570.33 |
| 占比（%） |  | 51.50 | 48.50 | 81.25 | 18.75 | 48.00 | 52.00 | 100.00 | 0 | 60.02 | 39.98 |

集体林改监测调查发现，自2009年实施政策性森林保险以来其实施效果在不同的层面有不同反映。

（1）农户层面　在本次调查中，有81.25%的农户认为森林保险重要，据分析主要缘于由政府买单的政策性森林保险政策，投保不需要操心保费，损失能够获得赔偿；农户的参保途径100%是"统保"，这就说明了一切（据林改跟踪调查发现，确有少数农户自主投保，但自主投保的目的纯粹是为了方便办理林权抵押贷款）。对于参保森林保险的原因，参保农户中表示"不知道"的占17.50%，"因为有政府保险补贴"的农户数占36.25%，表示"为了防范损失"的农户数不到一半（占46.25%）。同时，在对农户"如果没有政府财政保费补贴，您还会参加森林保险吗"的问题调查数据显示，有87.5%的农户表示不会。

（2）干部层面　多年以来政策性森林保险规模不断扩大，对于开展政策性森林保险的作用效果，众说纷纭。基层干部持肯定态度的说法少而持否定态度的说法多。多年来的跟踪监测访谈发现，无论是县林业局、乡镇林业站，还是村干部，多数干部反映，自开展森林保险以来，农户对森林防火基本上持不关心态度，森林火灾发生以后劳动力不在家的农户无人上山参与灭火，劳动力在家的农户也喊不动他们上山参与灭火，森林"防火灭火"成了干部们的"专项职责"；而等山火灭了以后，发生了受灾的农户就找干部吵着、等着要赔偿。

由此可以看出，政策性森林保险政策的实施并没有达到政策设定的目标，对农户的林地承包经营履责行为并没有起到积极的促进作用，反而在一定程度上"放纵"了农户的责任不落实行为，因此对于该项政策的实施措施有待政府部门给予修正与完善。

### 4."三权分置"下的林权流转政策

改革开放之初，在农村实行家庭联产承包责任制，将土地所有权和承包经营权分置，所有权归集体，承包经营权归农户，极大地调动了亿万农民积极性，有效解决了温饱问题，农村改革取得重大成果。现阶段深化农村土地制度改革，顺应农民保留土地承包权、流转土地经营权的意愿，将土地承包经营权分为承包权和经营权，实行所有权、承包权、经营权（以下简称"三权"）分置并行，着力推进农村产业现代化，是继家庭联产承包责任制后农村改革又一重大制度创新。"三权分置"改革对于推进农户林地承包经营责任的落实应该具有十分重要的意义。

然而，在本次对样本户的调查中（表2-24），有占37.75%的农户表示对当前的"三权分置"改革政策不了解；通过对农户宣讲林地"三权分置"改革政策后，有占57.25%的农户认为"三权分置"政策很好，29.50%的农户认为"一般"，还有13.25%的农户认为该项政策不好。认为该项政策"一般"或"不好"的理由，主要是农户对所有权归集体这一点表示不能理解。

表2-24　2018年样本户对"三权分置"改革政策的认知情况　　　　　　　户

| 省份 | 样本县 | 你了解"三权分置"政策吗 | | 你认为"三权分置"政策好不好 | | |
|---|---|---|---|---|---|---|
| | | 了解 | 不了解 | 很好 | 一般 | 不好 |
| 江西 | 遂川 | 40 | 10 | 36 | 14 | 0 |
| | 宜丰 | 30 | 20 | 30 | 18 | 2 |
| 云南 | 禄丰 | 32 | 18 | 22 | 16 | 12 |
| | 永胜 | 27 | 23 | 21 | 15 | 14 |
| 湖南 | 茶陵 | 36 | 14 | 41 | 9 | 0 |
| | 慈利 | 35 | 15 | 35 | 9 | 6 |
| 福建 | 武夷山 | 23 | 27 | 22 | 20 | 8 |
| | 尤溪 | 26 | 24 | 22 | 17 | 11 |
| 合计 | | 249 | 151 | 229 | 118 | 53 |
| 占比（%） | | 62.25 | 37.75 | 57.25 | 29.5 | 13.25 |

在对农户林地流转意愿项目调查中,统计数据显示(见表2-25):400样本户中有90户(占22.50%)打算对林地进行流转;其中,打算流出林地的农户数58户,打算流进林地的农户数32户。农户流出林地的主要原因包括:①要进城转移就业的有17户,占29.31%;②因为林地经营收益太低的有23户,占39.66%;③没有经营能力(包括资金、劳动力、林地偏远等)的有6户,占10.34%;④其他原因的有12户,占20.69%。农户打算流进林地的原因主要包括:①想发展家庭林场的有10户,占31.25%;②想发展林下经济的有6户,占18.75%;③其他原因的有16户,占50.00%。

随着农村经济社会的发展和农户的加速分化,当前农村中普遍存在的要到城镇转移就业、家庭劳动力长期外出打工、因为年老没有能力继续履行林地承包经营责任的农户,就应该创造条件让其将林地的经营权转让出去;而那些有能力、有资金、有技术,想扩大林业生产规模的农户也应该创造条件让其通过林地流转如愿以偿。因此,"三权分置"下的林地流转确实有助于促进农户林地承包经营责任的落实。

表2-25 2018年样本户林地流转意愿调查分析                                    户

| 省份 | 样本县 | 有无打算林地流转 | | 打算流进还是流出 | | 流出原因 | | | | 流进原因 | | |
|---|---|---|---|---|---|---|---|---|---|---|---|---|
| | | 有 | 没有 | 流进 | 流出 | 要转移就业 | 经营收益太低 | 没经营能力 | 其他 | 发展家庭林场 | 发展林下经济 | 其他 |
| 江西 | 遂川 | 14 | 36 | 6 | 8 | 4 | 2 | 0 | 2 | 3 | 1 | 2 |
| | 宜丰 | 7 | 43 | 4 | 3 | 2 | 0 | 0 | 1 | 2 | 1 | 1 |
| 云南 | 禄丰 | 15 | 35 | 1 | 14 | 2 | 6 | 3 | 3 | 1 | 0 | 0 |
| | 永胜 | 18 | 32 | 3 | 15 | 3 | 8 | 1 | 3 | 2 | 0 | 1 |
| 湖南 | 茶陵 | 22 | 28 | 16 | 6 | 2 | 2 | 1 | 1 | 2 | 3 | 11 |
| | 慈利 | 9 | 41 | 2 | 7 | 1 | 4 | 1 | 1 | 0 | 1 | 1 |
| 福建 | 武夷山 | 2 | 48 | 0 | 2 | 2 | 0 | 0 | 0 | 0 | 0 | 0 |
| | 尤溪 | 3 | 47 | 0 | 3 | 1 | 1 | 0 | 1 | 0 | 0 | 0 |
| 合计 | | 90 | 310 | 32 | 58 | 17 | 23 | 6 | 12 | 10 | 6 | 16 |
| 占比(%) | | 22.50 | 77.50 | 35.56 | 64.44 | 29.31 | 39.66 | 10.34 | 20.69 | 31.25 | 18.75 | 50.00 |

通过以上分析,可以得出以下结论:①当前确有少数农户存在林地承包经营责任不落实、营林履责积极性不高、经营懈怠的现象与倾向;②林地承包经营合同的普遍缺失是造成农户承包经营责任不明确和履责不到位的关键影响因素;③此外,农户家庭劳动力数量、家庭林业收入及家庭收入、林地面积和林地块数、家庭林地类型、政府林木限额采伐管理政策、林业财政补助政策和森林保险政策等,都对农户落实林地承包经营责任具有重要影响;④"三权分置"下的林地经营权流转政策,对于促进农户林地承包经营履责具有明显的提振功效。

# 治理对策

## 一、强化农户林地承包责任意识，推动林地经营权合理流转

从调查数据看，当前农户林地承包的责任意识不强、承包地面积户均规模普遍较小、林地细碎化程度高等因素是影响农户林地承包经营履责不力的关键因素；同时，随着我国城镇化速度的加快，有越来越多的农村人口要转移到城镇就业，农村留守人员老龄化趋势越来越明显，一些农户家庭出现了"弃农"转业现象。因此，如何增强农户林地承包的责任意识，提高农户林地承包履责的自觉性，让履责不力的农户感知到林地承包不履责的政策压力、进而推动林地经营权的合理流转，这对于促进农户林地承包经营责任的落实，在当前形势下显得尤为紧迫和重要。为此，提出以下建议：

（1）由自然资源部牵头、联合农村农业部和国家林草局一起，进一步规范和强化集体土地（包括农地和林地）农户承包经营责任立法，重新规范设计和重新签订农村集体土地承包经营合同，进一步明确农村土地承包经营责任，进一步规范和强化对农村土地承包经营履责不力的惩治处罚措施，并由主管部门设立专门的督察机构专职负责调查处理土地承包经营履责不力的行为现象。同时加强农户土地承包经营相关责任宣传，让集体土地承包经营履责成为农户及其他经营者的自觉行为。

（2）在"三权分置"基础上进一步完善林地权益规范，在权属明确的基础上探索建立集体林地承包经营权依法自愿有偿退出机制；搭建市场交易平台，鼓励和引导林农采取转包、出租、入股等方式流转林地经营权和林木所有权，将分散的宜林荒山荒地转让给专业化的林业企业造林营林；积极推动和鼓励转移就业农户、老龄化农户的林地经营权在林业要素市场（或林地市场）进行合理流转，以促进林地承包经营履责落到实处。

（3）设立国家县（市）林地收储中心。一方面通过林地收储中心设立的林地保护价格约束和规范林地流转市场，保护农民的合法权益；另一方面通过林地收储中心及时将造林营林难度较大、林农经营确有困难的集体林地转为国有林地，以提高林地利用率。

（4）加快建立、健全森林资源评估制度，做好林地、林木流转服务工作，及时办理权属变更登记手续，保护当事人的合法权益。在林权流转过程中，要防止乱砍滥伐林木、改变林地用途、公益林性质的不合法流转行为，从而实现林地林木流转市场的规范发展，为非公有制林业发展创造条件。

## 二、加强林业社会化服务体系建设，推动林业服务便利化

现阶段，农户的受教育程度还相对较低，营林生产的市场化竞争能力不强，抗风险能力差，所以，政府要强化农村社会化服务体系建设，建立健全林业社会化服务体系，为农户林地承包经营履责搭建良好的信息、技术、市场服务平台，以消除农户因信息渠道少、营林技术不足、市场风险认识不够所带来的不利影响，促进营林生产服务便利化。主要应做好以下三方面的工作：

## （一）提高林业社会化服务的组织化程度

通过扶持发展不同类型、层次、组织形式的林产品生产、技术、质量协会及各类专业经营组织，发挥各行业协会、专业经济技术组织的作用，在信息沟通、技术服务、配套协作、行业自律等方面，进一步加强林业行业的协调、管理和服务。

## （二）积极培育有特色、有效率的林业社会化服务组织与机构

根据我国现阶段的国情和林情，应侧重培育信用担保、筹资融资、技术支持、信息咨询、市场开拓、人才培训、经营管理等方面的林业社会化服务组织，从实际出发，确定不同服务组织（机构）的具体服务内容和工作重点，在培育重点服务项目过程中，要以点带面，逐步形成富有特色和成效显著的林业社会化服务体系。

## （三）扩大林产品市场销售服务

加快构建林产品营销信息网络和电商平台，向林农提供专业市场信息和营销平台服务；并充分发挥龙头企业、各类流通组织和行业协会的引领作用，充分发挥社会化服务体系在提升农户市场化经营能力方面的服务效能。

# 三、采取有效措施，切实提高农户营林生产收入

从调查数据看，目前少数农户林地承包经营责任不落实，造林、抚育投资不足，究其原因主要是营林生产收入水平偏低，这对农户的营林履责行为带来了显著影响，因此，要提高农户林地承包责任落实的积极性和自觉性，最关键的就是要采取积极有效措施、切实提高林农的营林生产收入。为此，应做好以下几方面工作：

（1）调整宏观经济政策，提升营林生产比较收益。长期以来，我国形成的工农产品价格剪刀差问题，造成了营林生产比较收益低，影响了林农营林生产积极性。为解决这一问题，政府应不断调整工农业生产之间的比较利益关系，对林业采取必要的保护措施，制定合理的林产品收购价格，提升林业实现自我积累、自我发展的能力，诱导农户自觉地投入营林履责。

（2）推动林业合作组织建设与发展，通过把合作组织内的林地合并到一起进行统一经营和管护，以扩大林地经营规模，解决好林农一家一户经营的林地细碎化问题，提升林业生产经营的规模化、集约化和专业化水平，同时发展特色林业，提高林农营林生产的规模效益和产业效益。

（3）培育和发展林业龙头企业，带动农户营林生产规模化经营，以提高林业收入。积极发展科技型林业企业，改变林业传统粗放型经营方式，积极引导和鼓励林业企业进行技术创新，带动和引领农户开展营林生产，增强农户营林投资信心，提高农户营林履责积极性。

（4）进一步强化财政惠林支持，提高和扩大对造林、抚育、低产低效林改造等营林生产项目的财政补贴标准和补贴规模，从资金、技术、市场化服务等方面给予农户营林生产扶持与帮助，以促进农户积极地开展造林、抚育工作。基层林业部门要定期开展对林农的营林生产技术培训，强化对农户的营林生产服务，尽量减轻农民营林生产负担，增加营林者收入。

（5）坚持生态优先、分类施策的原则，集体林地的生态公益林造林以政府资金投入为主，商品林造林以社会投资为主、政府给予适当补助。扩大林业补贴对象与范围，将补贴对象扩大到包括林农个人、家庭林场、股份合作林场、林业专业合作社、林业企业等各类主体，只要投入资金造林的，都能享受一定补贴。

（6）当前尤为重要的是，政府应设立荒山荒地造林专项财政扶持资金，对荒山荒地造林给予重点扶持，以解决立地条件极差环境下造林生产的特殊困难要求；对在立地条件较差地区营造生态公益林、较长时期难以获得经济收益的，应允许利用一定比例的林地从事产业开发，并予以政策扶持。

## 四、完善公益林生态补偿办法，取消商品林采伐限额制度

采伐限额管理政策的目标是为了限制林木过度采伐，保护生态环境，以防止经营者短期行为。但由于林业管理体制的转变和林权改革的深入，使得原有的采伐限额管理制度束缚了营林者的正当权益，也在一定程度上制约了林地承包者的营林履责行为。农户作为理性经济人，追求经济收益最大化是其正当权益，对于农户正常的生产经营行为，政府不应有过多的限制。在林木采伐量的问题上，要给林农较多的自主权，依法保护林地经营者对林木的处置权和收益权，使得林农的承包经营权、处置权和收益权在实践中能够得到高度的统一，这样才能更好地调动林农营林生产的积极性，提高其营林履责的自觉性。为此，在林木限额采伐管理方式上，也应按照林业分类经营改革要求进行调整，实行分类管理。

对于生态公益林，要改革当前不顾林地森林资源质量（林相）统一按照林地面积进行补偿的管理办法。首先，要严格按照公益林的划分条件将集体生态公益林确权到户，并颁发公益林权证。其二，要以公益林地的森林蓄积和林相作为依据设定公益林生态补偿标准，将林地森林资源质量作为生态补偿的重要依据和条件。在当今科学技术条件下，可以通过遥感技术随时监测公益林地的森林蓄积与林相状况，据此强化对公益林的监督管理。其三，通过适度提高或调节补偿标准，引导林农强化对公益林的营林管护行为，促进公益林发展。其四，有条件的情况下，逐步对具有重要生态功能的公益林地实行国有化。

对于商品林，应全面取消商品林的限额采伐管理制度。多年来的林改监测调查发现，林地确权到户以后已经基本上没有发生过农户的乱砍滥伐行为。林地承包到户以后，本应让营林生产者根据市场行情、按照森林经营编制方案、自行组织营林生产与林地经营，要排除政府部门不必要的干预，增强林农营林生产的自我意识，以此提高农户林地承包经营履责的积极性。

## 五、规范森林保险运作流程，提高森林保险惠林功效

目前，森林保险较普遍的投保运作形式为：公益林保险以市、县为单位统一投保，由市（州）、县（市）林业局作为投保人与保险公司签订保单；商品林保险签单投保由承保机构与投保人自行签订。一些县（市）区域，除对公益林实行统保外，对商品林也实行了统保。这种形式下的森林保险，造成了农户的边缘化，农户体会不到国家政策的惠林目的与意义、自己应该在其中履行什么样的责任与义务；同时，还会让农户产生一种错觉，好像有森林保险，防火防灾、救灾的工作就可以不做了；从而有可能直接导致了农户对山林火灾的不作为。

当前社会各层面似乎都存在一种错误观念，将购买森林保险完全等价于林业经营风险和灾害的防范与降解。实际上，对于林业生产者来说，购买森林保险只是灾后损失的降解与规避手段，它只对购买森林保险的那部分林地业主具有效用——即在一定程度上减少因灾害

发生所造成的经济损失。对于林业管理部门和全社会来说，发展森林保险，并不意味着森林灾害风险的消除；更不代表国家和地区的森林资源就得到了有效保护。对于森林保险的参保者来说，如果因参保而降低了对林地资源的管护，丧失了对森林灾害的防范与救灾措施，那么就有可能会导致森林灾害风险发生的概率更大、频率更高，在森林保险金额既定条件下，只会使农户利益受到更为严重的损害。这个道理，基层林业干部一定要跟农户讲清楚，以消除农户不切实际的幻想。对于林业管理部门来说，如果只一味地强调森林保险规模的扩大和政府财政资金对森林保险的追加投入，而忽视了林区的"三防"基础设施建设，懈怠了"三防"工作的具体落实，那么，不仅不能发挥公共财政对国家生态和林业建设的支撑与保障作用，反而会带来财政资金的浪费、森林资源的破坏和全社会福利的损失。因此，无论是林业生产经营者还是林业管理部门，都要清醒地认识到，森林保险只是降解和防范林业生产经营灾害损失的一种手段，而不是消除森林灾害发生的"灵丹妙药"。在推行森林保险发展的同时，更要强化对林地的经营管护和对林区"三防"工作的重视与落实。

## 六、推进林区基础设施建设，改善林区营林生产环境

当前林区基础设施条件差，严重制约了农户的造林、抚育、管护、采伐等营林生产活动，对农户的林地承包经营履责行为造成了严重的消极影响，因此，国家要加大对林区基础设施建设的财政投入与支持力度，尽快改善林业基础设施建设长期薄弱的局面。

首先，要积极推动山区林道建设。当前在国家全面推进农村道路硬化建设政策实施过程中，林业部门要积极引导政策向林区倾斜，推动政府加大对山区林道建设的财政支持力度，同时采取资金奖励、项目扶持等形式鼓励广大林农积极参与林区道路建设。确立林区道路建设规范管理制度，明确建设主体和养护责任。

其次，要大力推进林区防火设施建设。搞好防火设施建设示范，推进建立以乡（镇）林业站为责任主体的防火设施规划建设、使用与管护组织体系。

最后，要配合新农村建设的步伐，推进和落实"电网、水网、信息网、路灯网"和电商平台在广大林区的全覆盖。国家林业部门应积极推动国家各部门各项惠农项目向林区、林业倾斜，更好地利用国家财政资金的资源平台推动改善和提升林区的相关基础设施建设，以促进农户林地承包营林履责客观环境条件的不断改善，为农户营林履责创造便利的条件与环境。

**2019**
集体林权制度改革监测报告

# 西北地区新型林业经营主体发展及经营效率研究

# 发展现状

随着集体林权制度改革的不断深化，家庭林场、林业合作社等新型林业经营主体发展迎来了良好的政策机遇期，尤其是2017年国家林业局印发《关于加快培育新型林业经营主体的指导意见》，强调在家庭承包经营的基础上，着力推动家庭林场、林业合作社、林业龙头企业等新型林业经营主体的培育建设。同时乡村振兴、黄河流域生态保护与高质量发展等一系列重大战略的决策部署，为新型林业经营主体的进一步发展壮大提供了新的契机。近年来，西北地区各类新型林业经营主体不断涌现，林业龙头企业、林业合作社、家庭林场和林业大户的发展规模日渐壮大、经营效益渐趋显现，不仅带动了广大农户发展林业的积极性，也为林业可持续发展赋予了新的内涵。然而，由于西北地区地域跨度大、地形地貌复杂、森林资源分布不均、发展基础薄弱、环境条件不利等，新型林业经营主体普遍存在产业链中低端徘徊、辐射带动能力不强、经营规模有限、发展资金缺乏等问题，加之林业生产投入成本高、生产周期长等特点，导致新型林业经营主体的经营效率提升面临诸多困难。

基于此，甘肃省集体林权制度改革监测课题组在深入调查西北地区新型林业经营主体发展现状的基础上，客观评价不同类型新型林业经营主体经营效率，找到制约新型经营主体发展的主要影响因素，并提出促进新型林业经营主体健康可持续发展的建议，为进一步深化集体林权制度改革、促进林业经济发展及相关政策制定提供决策参考依据。因受新冠疫情影响，2020年3月至6月课题组通过与相关部门积极联系和充分沟通，采用线上线下结合的方式先后完成了甘肃省（华池县、庆城县、靖远县）和宁夏回族自治区（盐池县、海原县、隆德县、彭阳县）的调查，因问卷数量不足，后又通过线上回访的方式对2019年调查过的甘肃省部分新型经营主体进行了跟踪调查，共计收回有效问卷124份，其中龙头企业30份、林业大户30份、家庭林场31份、林业合作社33份。

## 一、西北地区新型林业经营主体发展现状及趋势

### （一）发展规模日趋壮大，经营效益渐趋显现

随着集体林权主体改革的相继完成和配套改革的不断完善，各类新型林业经营主体不断涌现，林业龙头企业、林业合作社、家庭林场和林业大户通过规范流转林地不断壮大发展规模。调查样本统计结果显示，2014—2019年各类新型林业经营主体流转林地的存量面积逐年增加，经营规模不断发展壮大（图3-1），其中林业产业化龙头企业平均林地经营面积最大，达3427亩，林业大户和林业合作社平均林地经营面积均超过1000亩，家庭林场平均林地经营面积相对较低，为458亩，规模差异相对明显（图3-2）。

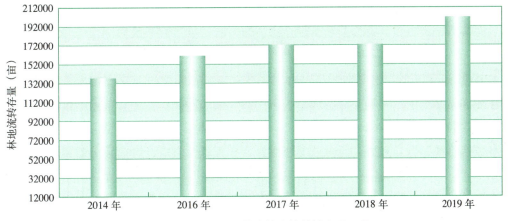

图 3-1 新型林业经营主体流转林地存量面积

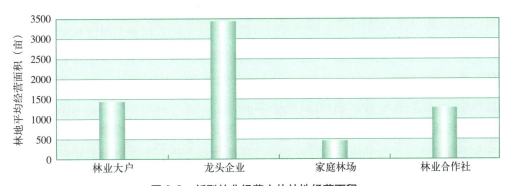

图 3-2 新型林业经营主体林地经营面积

随着新型林业经营主体培育、林下经济发展等配套改革的有序推进，新型林业经营主体对林改政策的响应不断提升，发展信心不断增强，部分发展比较早的新型林业经营主体经营效益逐渐显现。调查样本统计结果显示（图3-3），有50.8%的新型林业经营主体处于盈利状态，但盈利水平在50万以内占多数。与此同时，因林业生产周期较长，投资回收期跨度大，有些起步晚的新型林业经营主体尚处于前期投资阶段，盈利情况处于亏损或基本持平状态，分别占到调查总样本总量的25.8%和23.4%。另从图3-4种各类新型林业经营主体盈利状况的比较来看，龙头企业相比于其他主体而言盈利情况要好一些，所调查的30个龙头企业均处于盈利状态，盈利水平在10～50万的占多数，有三分之一左右的龙头企业盈利能力达到100万以上。家庭林场与林业合作社盈利状况的差距不是太明显，调查样本中有三分之一左右的尚处于亏损状态，有三分之一左右的盈利状况基本持平，另有三分之一左右的虽处于盈利状态，

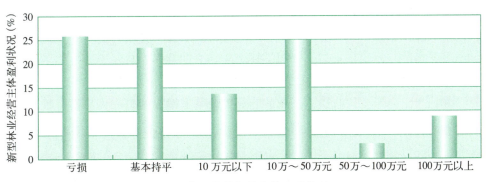

图 3-3 新型林业经营主体盈利状况

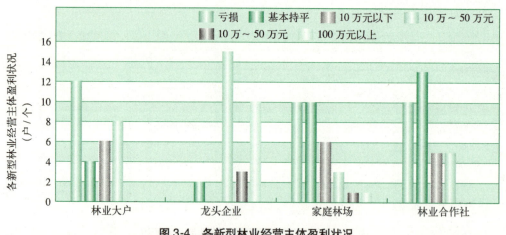

图 3-4 各新型林业经营主体盈利状况

但盈利水平多在50万元以内。与其他新型林业经营主体相比，林业大户盈利状况相对要弱一些，所调查的30个家庭林场中有一半多尚处于亏损或基本持平状态，部分处于盈利状态的家庭林场其盈利水平均在50万元以内。

### （二）经营领域多向延伸，营销渠道不断拓展

西北地区绝大多数新型林业经营主体的经营领域主要立足区域资源禀赋与特色优势，并通过林业多功能化开发与利用，大力发展特色林果产业与林下种养殖业，经营领域涉及林木育种和育苗、花卉种植、食用菌种植，并充分利用林地资源与空间，强化林下种养殖业与休闲观光、乡村旅游、养生保健服务等产业融合发展，有力促进新型林业经营主体多维延伸产业链与拓宽经营范围。不少新型林业经营主体涉及的经营领域不止一种，调查样本统计结果显示（图3-5），涉及两种经营领域的新型林业经营主体有36个，占到了样本总量的29%，其中家庭林场占比最多；涉及三种及以上经营领域的有32个，占到样本总量的25.8%，其中林业龙头企业占比最多。

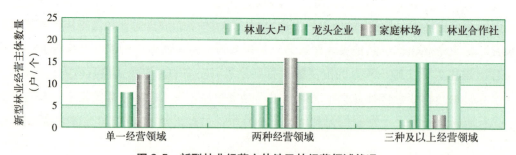

图 3-5 新型林业经营主体涉及的经营领域状况

随着移动互联、大数据、物联网等现代信息技术的普及和农村电商的快速发展，新型林业经营主体信息化水平不断提升，产品销售渠道逐步拓宽。调查结果显示（图3-6），虽然通过集贸市场出售、商贩上门收购、企业收购等传统渠道销售的产品仍然占有较大的比重，但通过网络和其他渠道销售产品的比例不断增加，占到了几近三分之一，且近年来在林业产业化龙头企业的引领和合作社的带动下，各类新型林业经营主体逐步形成多主体联合互动、线上线下结合，多渠道互补的林特产品营销体系。

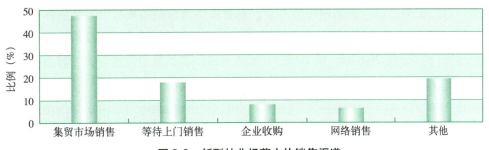

图3-6 新型林业经营主体销售渠道

### (三) 林业标准化生产逐步推进,产品质量安全水平不断提升

调查中发现,部分新型林业经营主体通过引进先进实用技术努力提升林业标准化生产水平,并通过现场示范、技术培训及推广服务,带动周边农户不断推进林业标准化生产,在所调查的家庭林场、林业大户及林业合作社中,有60个(户)逐步实施标准化生产与管理,占到了样本总数的63.8%,林业产业化龙头企业大多建有标准化示范基地。且随着绿色消费观念的日渐普及,新型林业经营主体对产品质量安全问题越来越重视,并通过大力发展无公害、绿色、有机农产品生产与认证,不断提升产品质量安全水平,在所调查的林业合作社及龙头企业中,分别有7个、30个取得了无公害产品、绿色产品或有机产品等相关产品质量认证。

表3-1 新型林业经营主体产品质量认证 个

| | 无公害产品认证 | 绿色产品认证 | 有机产品认证 |
| --- | --- | --- | --- |
| 林业合作社 | 4 | 5 | 1 |
| 龙头企业 | 5 | 23 | 7 |

### (四) 示范引领作用突出,辐射带动效应明显

随着新型林业经营主体发展规模和经营效益的不断提升,其经营管理水平和组织规范化程度不断提升,典型示范引领作用发挥突出。31个家庭林场中有1家被评为市级示范性家庭林场,33个林业合作社中有10个被评为省级或市级示范性合作社,30个龙头企业中有7个为省级林业龙头企业,充分发挥了产业标准示范作用。与此同时,大多新型林业经营主体在政策鼓励与自身经营需求引导下,通过有规划的营林造林活动,在维护生态系统的稳定性和环境保护方面也发挥着重要的作用,并通过内化在经营过程中的生态价值观来引导和强化消费者的环境保护意识,增强全社会的生态文明价值观。

随着新型林业经营主体经营规模的不断壮大,其生产经营过程中不同程度上都会需要长期或季节性雇工,为当地农民灵活就近就地就业创造了更多岗位。调查样本结果显示(图3-7),各类新型林业经营主体长期雇佣的劳动力90%以上的为当地农民,且人均工资水平为2000~3000元/月,另有少部分以照看场地、简单管护等轻任务工作为主的雇工,人均工资水平仅为500-800元/月。而季节性雇工具有较强的流动性和灵活性,各经营主体根据用工需求和农忙时间进行雇佣,这类雇工基本为周边农民,日均工资约为80~120元/日,既解决了当地农村富余劳动力就业问题,又带动周边农户增收创收。同时,各类新型林业经营主体通过林地流转、要素入股、技术服务、产品购销等方式直接与周边农户建立紧密地合作关系,并

通过保底分红、股份分红、利润返还等方式，充分发挥其联户增效与助农增收作用。调查样本统计结果显示（图3-8），林业大户、龙头企业、家庭林场、林业合作社直接带动周边农户100户以上的占比分别为26.67%、60.00%、6.45%、24.24%，其中龙头企业、林业合作社由于其自身发展规模较大，所需的雇工数量多，辐射带动农户作用发挥显著。

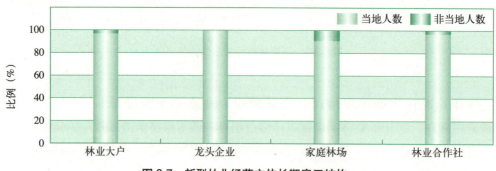

图 3-7　新型林业经营主体长期雇工结构

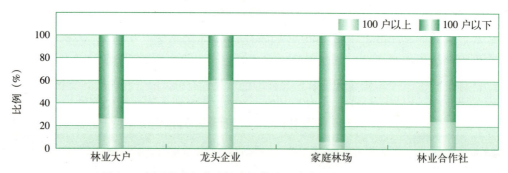

图 3-8　新型林业经营主体直接带动周边农户数占比分布图

## （五）主体联动协同发展，涉林特色产业优势渐现

近年来快速发展的新型林业经营主体通过多渠道拓宽经营领域、多途径延展林业产业链、开放式经营机制与组织模式创新等，推动并形成了灵活多样的林业产业化联合体经营模式，有效拓展了林业产业链价值增值空间、提高了产品附加值、推进了涉林产业融合发展。调查样本统计结果显示（表3-2），有14个龙头企业、8个林业合作社和4个家庭林场通过产业基地建设、产品订单收购、生产资料供应、要素合作入股、技术示范推广等灵活多样的方式形成了"企业+林业合作社+家庭林场（林业大户）+农户""企业+家庭林场（林业大户）+农户""林业合作社+家庭林场（林业大户）+农户""家庭林场（林业大户）+农户"等多种经营模式，在充分发挥产业示范与引领辐射作用的基础上，通过利益共赢分享价值链增值收益，带动周边农户积极发展林下种（养）植、经济林果、苗木花卉及生态休闲等区域涉林特色优势产业，有效实现林业增效、农户增收和林地资源空间的可持续利用。

表 3-2　参与联合经营模式的各经营主体样本数　　　　个/户

| 模式/主体 | 企业+林业合作社+家庭林场（专业大户）+农户 | 企业+家庭林场（专业大户）+农户 | 林业合作社+家庭林场（专业大户）+农户 | 家庭林场（专业大户）+农户 |
|---|---|---|---|---|
| 林业大户 | - | - | - | 15 |
| 龙头企业 | 10 | 4 | - | - |
| 家庭林场 | - | 1 | 3 | - |
| 林业合作社 | 6 | - | 2 | - |

## 二、西北地区新型林业经营主体发展面临的困境

### (一)生产经营风险大,风险应对能力弱

干旱少雨的气候条件和脆弱敏感的生态环境是西北地区林业发展中难以避开的先天性不足因素,加之气候变化及不合理开发资源所造成的水土流失、土地"三化"、地下水位下降、滑坡泥石流等自然灾害,以及近年来频繁出现的暴雨、冰雹、霜冻等气象灾变和森林病虫害、森林火灾等,导致新型林业经营主体生产经营中的面临着诸多自然风险①,调查样本统计结果显示,有26.6%的新型林业经营主体曾多次遭受森林火灾、病虫害等的影响,24.2%的新型林业经营主体长期受制于水资源匮乏、干旱、霜冻等困扰。还有,涉林产品市场价格的不稳定导致新型林业经营主体经常出现产品滞销现象②,调查样本统计结果显示,2019年30个林业大户中有16个出现产品滞销,30个龙头企业中9个出现产品滞销,33个林业合作社中22个出现产品滞销。

### (二)产业价值链中低端徘徊,辐射带动作用发挥不够

西部地区新型林业经营主体起步相对较晚,大多经营规模不大、或初现端倪、或正在建设规划,且主要以涉林初级产品生产与粗简加工为主,产业价值链在中低端徘徊,产品附加值不高,经营领域和发展层次限制在一定的范围之内,在标准化生产、集约化经营、商业化创新等产业链高端化与现代化方面的延伸远远不够③。就所调查的64个林业合作社和家庭林场来看,仅有三家涉及了涉林产品加工,其余基本以初级产品生产及经销为主。并且大部分新型林业经营主体与广大农户之间利益联结相对松散,辐射带动作用发挥有限④。从调查结果来看,各类新型林业经营主体中就龙头企业辐射带动农户的效果相对要好一些,但利益联结关系并不紧密,30个龙头企业中仅有10个与农户以合同制方式建立了相对紧密的利益联结关系、有5个与农户以合作制方式形成利益联结关系,以入股方式与农户结成更紧密型利益联结关系的仅有3个。

### (三)源性发展资金匮乏,外源性融资渠道不畅

西北地区新型林业经营主体正处于发展壮大的关键阶段,生产基础设施建设、林地流转、劳动力雇佣等方面均需大量资金,加之林业生产经营周期长、收益见效相对缓慢,不但前期持续性投资需求缺口大,并且后续发展中涉及的标准化生产经营、产品加工销售、市场开拓及品牌创建等方面均需大量资金投入,且以中长期融资需求为主,仅靠内源性资金积累远远不能满足新型林业经营主体可持续发展的资金诉求。但正规金融机构提供的产品种类少、信贷支持力度不够,且金融机构面向新型林业经营主体的贷款行为出于风险考量而偏向于保守,与新型林业经营主体的融资需求匹配度低⑤。据调查结果显示,银行按风险和收益匹配原则,一般向新型林业经营主体提供小额化、短期化的贷款,新型林业经营主体获得的

---

① 刘畅,邓铭,马国巍.家庭农场经营风险识别与防范对策研究[J].苏州大学学报(哲学社会科学版),2019,40(04):102-110.
② 张燕媛,袁斌,陈超.农业经营主体、农业风险与农业保险[J].江西社会科学,2016,36(02):38-43.
③ 罗攀柱.集体林业新型经营主体:存在理由、现实困境及其路径选择——以湖南省为例[J].中南林业科技大学学报(社会科学版),2020,14(01):38-45.
④ 车晓芳.基于新型林业经营主体视角的辽宁林下经济发展[J].内蒙古林业调查设计,2020,43(06):73-75.
⑤ 詹焱.新型农业经营主体融资困境形成的原因及破解思路[J].西华大学学报(哲学社会科学版),2017,36(04):72-74+85.

贷款金额为2~30万元，且享受了贴息贷款的经营主体仅有8家。加之新型林业经营主体可用来抵押贷款的固定资产普遍偏少，禽畜等鲜活农林产品抵押金融机构一般不接受，导致新型林业经营主体向正规金融机构融资的渠道严重受限。所调查的124个样本中仅有72个新型林业经营主体获取过银行贷款。而小微金融机构受资金规模的限制，难以满足林业新型金融主体中长期较大额度融资需求。另外，虽然西北地区近年来一直积极探索林权抵押贷款，但真正能够用来抵押的林地资源少且经济价值不高，加之抵押贷款受理及审批程序烦琐、风险补偿机制不健全等，导致林权抵押贷款实际操作过程中还存在着不少困难和问题，新型林业经营主体贷款的积极性不高，所调查的124个样本中仅有42个新型林业经营主体获取了林权抵押贷款。另据调查样本统计结果，在制约新型林业经营主体贷款的诸多因素中，不满足贷款审批条件的占到了调查样本总数的31.5%，贷款程序中缺乏审批材料的占调查样本量总量的30.6%，缺乏抵押物或担保物的占调查样本量总量的28.2%。发展资金缺口大、筹融资渠道不畅已成为新型林业经营主体健康可持续发展的桎梏。

### （四）扶持政策针对性不强，林业补贴力度不够

虽然国家和地方政府及相关部门先后制定并出台了一系列促进新型林业经营主体发展的政策措施，但具体操作过程中因受各种条件限制及不利因素的影响导致政策实施的整体性效果欠佳，且产业发展、项目倾斜、税收优惠、森林保险等政策以促进林业发展普适性政策为主，而针对新型林业经营主体发展的强有力的扶持政策相对缺失。就林业补贴来看，现有林业补贴适用范围较窄，主要涉及造林补贴和林下经济补贴，且覆盖面有限，缺少针对新型林业经营主体的专项补助。调查结果显示，获得林业补贴的新型林业经营主体仅有39个，占样本总量的31.5%，其中，林业龙头企业和林业大户所获取林业补贴的覆盖度相对大一些，30个龙头企业中有17个获得林业补贴，30个林业大户中有13个获得林业补贴，而33个林业合作社中仅有9个获得林业补贴，31个家庭林场均未获取林业补贴。且与气候条件优越、降雨量充沛的南方相比，绝大部分西北区域长期干旱、降雨量稀少，营林造林成本普遍偏高，各类新型林业经营主体所获林业补贴作用发挥有限，远远不能满足其快速发展的现实诉求。

### （五）专业化人才稀缺，经营管理水平不高

快速发展的新型林业经营主体对经营管理人员的综合素质要求越来越高，但调查中发现，多数新型林业经营主体的负责人由种（养）殖大户或能手发展而来，年龄普遍偏大且受教育水平在初中及以下的占到了47.4%，虽然积累了一些种养殖生产经验，但对先进经营理念和现代化管理知识的接受能力有限、学习动力不足、组织协调能力不强[6]，经营管理以生产实践经验和直观感觉为主，在调查的61个家庭林场、林业大户样本中，仅有31家实行了统一的标准化生产和管理模式。且经营者常常受制于小家小户的循旧思维惯性，过分追求眼前利益，缺乏远期规划、创新思维和风险意识，导致新型林业经营主体经营管理过程中普遍存在经营方式粗放、管理水平不高、远期谋划不足等问题，且战略决策中也存在着随意性和盲目性[7]。

---

[6] 奉钦亮,覃凡丁,马龙波.广西新型林业经营主体的SWOT-AHP发展战略选择研究[J].林业经济,2019,41(02):98-105.
[7] 蔚志刚.林业社会化服务体系背景下林业新型经营主体分析[J].中国林业经济,2019(02):85-86.

# 经营效率及影响因素分析

随着集体林权制度改革的不断深入，国家对林业的投入逐渐增加，提高了农民进行林业生产的积极性，在此背景下，对新型林业经营主体的经营效率的测算及其影响因素的分析成为热点问题。近年来，西北地区新型林业经营主体的发展日新月异，不仅在规模上有了很大改变，在经营水平上也有很大提升；但是目前众多的新型林业经营主体还是存在很多问题，大都存在经营效率不高、发展不均衡、人才保障不足、经营管理不规范等问题。基于以上问题，本章在对问卷进行基础分析之后，运用DEA模型测算不同新型林业经营主体的经营效率，进而利用Tobit模型分析其影响因素，并以此为依据，对新型林业经营主体经营效率的提升和下一步的发展提出相关政策建议。

## 一、调查样本的描述性统计分析

### （一）家庭林场

据调查样本统计结果（表3-3），家庭林场主年龄在40岁以上的占到样本总量的70.9%，其中50岁以上的又占32.2%，中老年化趋势明显。家庭林场主受教育程度达到初中及以上学历的占到了样本总量的83.9%，但受教育程度达到大专及以上学历的比例还是不高，占到样本总量的22.6%，虽然与其他几类新型林业主体相比，家庭林场负责人受教育程度总体要高一些，但与家庭林场现代化发展诉求及经营管理水平提升诉求尚有差距。

表3-3 林场主特征

| 受教育程度 | 频率 | 年龄 | 频率 |
| --- | --- | --- | --- |
| 小学以下学历 | 16.1% | 30岁以下 | 6.5% |
| 初中学历 | 19.4% | 30～39岁 | 22.6% |
| 中专或高中学历 | 41.9% | 40～49岁 | 38.7% |
| 大专及以上学历 | 22.6% | 50岁及以上 | 32.2% |

另从调查样本统计结果来看，仅有25.8%的家庭林场实现了林地集中连片经营，有38.7%的家庭林场经营的林地相对集中，还有35.5%的家庭林场经营的林地相对分散，需要林场主在经营过程中投入更多的时间和精力，加大了家庭林场的经营成本。

### （二）林业合作社

林业合作社负责人年龄在40岁以上的占到了样本总量的63.6%，其中50岁以上又占42.4%，偏中老年化。林业合作社负责人的受教育程度达到初中以上学历的占样本总量的比例达93.9%，但大专及以上学历的仅占12.1%，在一定程度上会影响到林业合作社现代化经营管理水平的提升（表3-4）。

表3-4　合作社负责人特征

| 受教育程度 | 频率 | 年龄 | 频率 |
|---|---|---|---|
| 小学及以下学历 | 6.1% | 30岁以下 | 6.1% |
| 初中学历 | 42.4% | 30～39岁 | 30.3% |
| 中专或高中学历 | 39.4% | 40～49岁 | 21.2% |
| 大专及以上学历 | 12.1% | 50岁及以上 | 42.4% |

另据调查样本统计结果显示，林业合作社保险意识不强，参保的主动性和积极性不够，仅有42.4%的林业合作社购买了森林保险。而在林权抵押贷款方面，仅有48.5%的林业合作社获得林权抵押贷款，融资难和贷款难的问题在很大程度上制约着林业合作社的发展壮大。

### (三) 林业龙头企业

林业龙头企业负责人年龄在40岁以上的占到了样本总量的86.7%，其中50岁及以上又占50%，整体年龄偏大。虽然林业龙头企业负责人受教育程度为中专或高中以上学历的占到了样本总量的73.4%，但大专及以上学历的比例仅为6.7%，在一定程度上制约着林业龙头企业现代化经营管理水平的提升（表3-5）。

表3-5　龙头企业负责人特征

| 受教育程度 | 频率 | 年龄 | 频率 |
|---|---|---|---|
| 小学及以下学历 | 3.3% | 40岁以下 | 13.3% |
| 初中学历 | 23.3% | 40～49岁 | 36.7% |
| 中专或高中学历 | 66.7% | 50～59岁 | 33.3% |
| 大专及以上学历 | 6.7% | 60岁及以上 | 16.7% |

从经营规模来看（图3-9），林业龙头企业经营规模普遍不大，拥有固定员工数量在100人以上的仅占样本总量的3.3%，绝大多数龙头企业固定员工数量在100人以内，其中固定员工数量在10-50人的龙头企业占比最高，为56.7%，还有20%的龙头企业固定员工数量在10以内。此外，随着农村电商的迅猛发展，调查样本中有60%以上的林业龙头企业建有电商平台，为产品销售拓展渠道的同时，也为企业发展注入了新的活力。

### (四) 林业大户

林业大户户主年龄在40岁以上的占到了样本总量的90%，其中50岁及以上的又占到了73.3%，整体年龄偏大。林业大户户主受教育程度主要以初中学历为主，占到样本总量的70%，中专或高中学历的所占比例不高，仅为23.3%，没有大专及以上学历的，整体受教育程度偏低（表3-6）。

表3-6　林业大户负责人特征

| 受教育程度 | 频率 | 年龄 | 频率 |
|---|---|---|---|
| 小学及以下学历 | 6.7% | 40岁以下 | 10.0% |
| 初中学历 | 70.0% | 40～49岁 | 16.7% |
| 中专或高中学历 | 23.3% | 50岁及以上 | 73.3% |

另从调查样本统计结果来看，有三分之一的林业大户为兼业经营户，有6.7%的林业大户林业收入占家庭总收入的一半以下，并且来自林业的收入不太稳定，影响了其经营林业的积极性。

## 二、新型林业经营主体的经营效率分析

加强培育新型林业经营主体是发展现代林业，提升林业经营水平的重要基础。近年来，我国西北地区新型林业经营主体的发展呈现良好态势，不仅在数量上持续增加，其经营内容也在不断丰富，但因西北地区地域跨度大、地形地貌复杂，林业资源分布不均，不同类型新型林业经营主体的发展水平参差不齐、经营效率亦有差异，而经营效率是新型林业经营主体可持续发展的关键，尤其是随着集体林权制度改革的不断深化和各项配套措施的相继完善，新型林业经营主体经营效率对于衡量集体林权制度改革成效和集体林业发展水平具有重要作用[8]。故本调研报告通过深入调查，区别于以往仅对单个经营主体进行经营效率的评价，通过实证分析来研究不同类型新型林业经营主体之间的效率差异及其影响因素，由此反映出当前不同新型林业经营主体发展的具体情况，从而探究林业经营主体应如何提高经营效率，并在此基础上提出相关政策建议，为进一步深化集体林权制度改革、促进新型林业经营主体发展及相关政策制定提供决策参考依据。

### （一）模型选择

目前，国内学者针对新型林业经营主体的研究主要着眼于发展现状、经营类型、存在问题及其解决对策等方面[9][10]，也有研究人员对各类新型农（林）业经营主体的经营效率进行研究，如何铭涛、文彩云等（2017）通过建立DEA-BCC模型对家庭林场的经营效率进行了测算[11]；崔宝玉等（2015）采用了DEA-BCC模型测算了国家级农业龙头企业的经营效率[12]；黄祖辉等（2011）采用Bootstrap-DEA模型测算了农民专业合作社的效率[13]；姜丽丽等（2017）、高雪萍等（2015）采用DEA-Tobit模型对家庭农场的经营效率及其影响因素进行了实证分析[14][15]。总体来看，现有研究多侧重于对某一类型的农（林）业新型经营主体的经营效率进行分析，也有涉及不同类型农（林）业新型经营主体效率差异的研究，但这一方面的研究成果相对较少，如朱继东（2017）采用DEA方法测算了不同类型农业经营主体的生产效率[16]；肖

---

[8] 廖文梅,童婷,秦克清,高雪萍.中国林地投入产出效率理论、测度与影响因素：综述与展望[J].农林经济管理学报,2018,17(05):545-552.

[9] 柯水发,王亚,孔祥智,崔海兴.林业新型经营主体培育存在的问题及对策——基于浙江、江西及安徽省的典型调查[J].林业经济问题,2014,34(06):504-509.

[10] 罗攀柱.集体林业新型经营主体：存在理由、现实困境及其路径选择——以湖南省为例[J].中南林业科技大学学报(社会科学版),2020,14(01):38-45.

[11] 何铭涛,文彩云,李扬.中国家庭林场经营效率及其影响因素分析[J].林业经济,2017,39(03):27-34.

[12] 崔宝玉,刘学.我国农业龙头企业经营效率测度及其影响因素分析[J].经济经纬,2015,32(06):23-28.

[13] 黄祖辉,扶玉枝,徐旭初.农民专业合作社的效率及其影响因素分析[J].中国农村经济,2011(07):4-13+62.

[14] 姜丽丽,仝爱华,乔心阳.基于DEA-Tobit模型的家庭农场经营效率及其影响因素分析——对宿迁市宿城区的实证研究[J].江苏农业科学,2017,45(12):307-310.

[15] 高雪萍,檀竹平.基于DEA-Tobit模型粮食主产区家庭农场经营效率及其影响因素分析[J].农林经济管理学报,2015,14(06):577-584.

[16] 朱继东.新型农业生产经营主体生产效率比较研究——基于信阳市调研数据[J].中国农业资源与区划,2017,38(02):181-189.

琴等（2018）运用DEA模型对不同新型农业经营主体的经营效率进行了测度[17]。基于此，本研究选取数据包络分析法（Data Envelopment Analysis，简称DEA）对调研中所涉及的四类新型林业经营主体的经营效率进行实证分析。DEA模型是一种基于被评价对象间相对比较的非参数技术效率分析方法，在分析多投入和多产出的情况时具有一定优势。DEA基础模型有基于规模报酬不变的CCR模型和基于规模报酬可变的BCC模型，BCC模型可将得到的技术效率分解为纯技术效率和规模效率，根据研究需要，本研究选取规模报酬可变的BCC模型。

BCC模型的主要原理是：假设有n个决策单元（DMUj），每个决策单元都有m种类型的输入和s种类型的输出，用$x_j$，$y_j$分别表示输入，输出变量，且$x_j>0$，$y_j>0$；$\lambda_j$为单位组合系数；为投入松弛变量，为产出松弛变量；$\theta$为经营主体经营效率值，取值介于0到1之间。当$\theta=1$时，说明其为弱DEA有效；若$\theta=1$时，且$s^-=0$，$s^+=0$时，说明DEA有效；当$\theta<1$时，说明DEA无效。BCC模型如下：

$$\begin{cases} \min \theta \\ \sum_{j=1}^{n} \lambda_j x_j + s^- = \theta x_0 \\ \sum_{j=1}^{n} \lambda_j y_j - s^+ = y_0 \\ \sum_{j=1}^{n} \lambda_j = 1 \\ \lambda_j \geq 0, s^- \geq 0, s^+ \geq 0 \\ j = 1, 2, \cdots, n \end{cases}$$

运用数据包络分析软件DEAP2.1，选用DEA-BCC模型对西北地区新型林业经营主体的经营效率进行测度，根据公式：综合效率 = 纯技术效率×规模效率，计算出的纯技术效率不包含规模成分，当满足纯技术效率=1且规模效率=1，则综合效率=1，说明DEA有效，即经营效率有效，反映资源要素投入比例合理；若只有一方为1，说明实现了弱DEA有效；若两者都不为1，则DEA无效。

### （二）指标选取

对于不同类型的新型林业经营主体，虽然处在不同的生产前沿面，但基于林业生产经营的现实情况，其在生产成本、技术水平、林地投入、管理能力等方面的要素配置上均具有一定的优化空间。作为推动林业供给侧结构性改革、带动农户增收的林业经营主体，需要通过整合投入要素配置、调整经营规模、增强技术应用等来进一步提升经营效率。本研究在把握西北地区新型林业经营主体发展现状的基础上，结合新型林业经营主体的发展特征和发展方向，探究其经营效率的具体情况，通过文献的阅读和梳理，参考借鉴其他学者在不同类型农（林）业经营主体经营效率方面的研究成果，考虑数据的易获得性及准确性原则，选取的投入和产出指标如表3-7所示：

---

[17] 肖琴，周振亚. 新型农业经营主体效率测度与差异分析——基于天津市的调查[J]. 世界农业，2018(12):149-154.

**表 3-7 新型林业经营主体投入产出指标表**

| 指标类型 | 指标名 | 单位 |
| --- | --- | --- |
| 产出指标 | 林业总收入 | 万元 |
|  | 直接带动农户数 | 户 |
| 投入指标 | 生产经营性投入 | 万元 |
|  | 林地投入 | 公顷 |
|  | 其他投入 | 万元 |

依据表3-7，在尽可能多的包含林业生产要素的情况下，本研究选取的投入指标主要包括生产经营性投入、林地投入和其他投入，其中生产经营性投入是指年均支付长期雇工和季节性雇工的劳动力投入以及购买种苗、化肥农药、饲料等的生产资料投入；林地投入是指新型林业经营主体生产经营的林地面积；其他投入是指生产经营所涉的技术、基建、运输以及其他等费用投入。在产出方面，选取的产出指标包括林业总收入和直接带动农户数，其中林业总收入是新型林业经营主体最为关注的产出，主要是指从事种植、养殖或其他涉林经营所得的收入，不包括非林务工、林地流转、利息等非经营性收入；同时考虑到新型经营主体与小农户之间的合作与联合有利于激发农村基本经营制度的内在活力，其在联农带农的过程中所发挥的对样本区农户的辐射带动效应，能够助推农户增收，提升小农的林业生产经营水平，故选取直接带动农户数作为产出指标。

### （三）结果分析

（1）新型林业经营主体综合效率有待进一步提升　依据调查样本情况，本研究主要针对西北地区的家庭林场、林业大户、林业合作社以及龙头企业这四类新型林业经营主体的经营效率进行测度和分析，虽然新型林业经营主体的类型不同，比较的基准也有所不同，但通过测度出的效率值可以衡量不同类型新型林业经营主体在投入产出视角下的效率表现及其之间存在的差异[17]。通过DEA模型所测度出的效率结果如表3-8所示，首先，从综合效率来看，新型林业经营主体的经营效率整体不高，依据效率值结果并结合西北地区林业经营主体发展起步较晚的现实情况，可以看出，龙头企业的效率表现相对最好，其次是林业合作社，而家庭林场和林业大户往往规模过小，其经营效率相对较低。其次，从纯技术效率来看，四类新型林业经营主体的纯技术效率均值除林业大户之外都达到了0.7以上，其中纯技术效率均值最高的是龙头企业，达到0.8以上，这说明龙头企业因具备资金和人才等优势，使其拥有相对较高的林业机械化水平，因而表现出较好的技术效率；反观林业大户在林业生产中的技术水平就相对较低，主要是由于本次调研样本中的林业大户多以营林造林为主，其在选种、苗木培育以及种苗改善等工作技术方面的水平还比较低；在实地调研中也发现，四类新型林业经营主体的技术水平总体上还是有所提升的，主要表现在经营主体的造林、育林、护林以及林产品的采集和加工等林业生产作业环节不再单纯依靠大量的人工耗费，林业机械化水平有所提升。再次，从规模效率来看，在四类新型林业经营主体中，林业合作社和龙头企业的规模效率都达到了0.8以上，分别为0.828和0.805，说明这两类经营主体由于具有规模优势因而表现出较好的规模效率；而从家庭林场和林业大户的规模效率值来看，其经营规模就相对较小，从而造成规模效率不佳。总体来看，四类新型林业经营主体尚未达到经营完全有效状态是由纯技术效率和规模效率较低共同引起，其中技术瓶颈依旧突出，这表明对农业新技术、新品种、新工艺的应用还需在更大范围内进行推广。最后，从经营效率的有效单元来看，四类主体达到DEA综合效率有效的比例都不高，平均比例为20.9%，在实地调查中也发现，西北地区新型林业经营主体的发展还不够成熟，在规模和实力方面均有较大的进步空间，亟须提升林业产业化程度，与此同时也要依据政策导向进一步推进生态林业建设。

表3-8 新型林业经营主体的经营效率情况

| 经营主体 | 样本数量 | 综合效率 | | | 纯技术效率 | | | 规模效率 | | |
| --- | --- | --- | --- | --- | --- | --- | --- | --- | --- | --- |
| | | 均值 | 有效单元(个) | 有效比(%) | 均值 | 有效单元(个) | 有效比(%) | 均值 | 有效单元(个) | 有效比(%) |
| 家庭林场 | 31 | 0.541 | 6 | 19.3 | 0.727 | 13 | 41.9 | 0.730 | 6 | 19.3 |
| 林业大户 | 30 | 0.515 | 8 | 26.6 | 0.658 | 13 | 43.3 | 0.790 | 8 | 26.6 |
| 林业合作社 | 33 | 0.628 | 8 | 24.2 | 0.743 | 12 | 36.3 | 0.828 | 8 | 24.2 |
| 龙头企业 | 30 | 0.639 | 4 | 13.3 | 0.802 | 13 | 43.3 | 0.805 | 4 | 13.3 |

（2）新型林业经营主体规模效应已初步显现　依据模型结果，新型林业经营主体的规模收益情况如表3-9所示，从规模报酬类型来看，四类新型林业经营主体中处于规模报酬不变阶段的共有30个，占总体样本量的24.2%，所占总体比例虽然不高，但足以看出在大力培育适度规模经营主体的过程中，一部分经营主体已在政策引导下逐步形成与投入能力相匹配的经营规模，西北地区新型林业经营主体的规模效应已初步显现。在目前达到最佳规模状态的主体中，数量最多的是林业合作社，共有10个，占到林业合作社样本量的30.3%。四类经营主体中，处于规模报酬递增阶段的主体共有63个，占总体样本量的50.8%，其中递增数最多的是家庭林场，其数量为23个，占到其样本量的74.2%，所占比例较高，表明大多数家庭林场还存在投入不足的情况；其次是龙头企业，数量为15个，占到其样本量的一半，这表明龙头企业的发展空间受限，依据龙头企业在林业产业化中所具有的资源优势，其还具有较大的增产潜力；林业合作社、林业大户处于规模报酬递增阶段的分别有12个、13个，分别占到其样本量的36.4%、43.3%，未来还可通过增加投入来扩大生产规模，以促进经营效率的提升，逐步实现规模经济。新型林业经营主体中，处于规模报酬递减阶段的共有31家，占总体样本量的25%，其中递减状态数量最多的主体主要分布于林业合作社和林业产业化龙头企业，表明这两类主体中还有部分未达到预期的规模效益，今后应考虑调整和优化现有资源要素的投入比例和结构。总体来看，对于四类新型林业经营主体来说，在加快传统林业经营方式向现代林业经营方式转变的要求下，单纯依靠增加要素投入已不是最优决策，也应着力提升新型林业经营主体的经营管理水平、积极拓展经营内容、开发利用多种功能以及逐步拓宽林业产业链，以实现对资源要素高效利用的规模经济。

表3-9 新型林业经营主体规模效益变化分布情况

| 经营主体 | 规模报酬递减 | 规模报酬不变 | 规模报酬递增 |
| --- | --- | --- | --- |
| 家庭林场 | 1 | 7 | 23 |
| 林业大户 | 8 | 9 | 13 |
| 林业合作社 | 11 | 10 | 12 |
| 龙头企业 | 11 | 4 | 15 |
| 合计 | 31 | 30 | 63 |

（3）投入产出松弛程度差异明显　如表3-10所示，基于BCC模型对投入和产出指标的松弛变量进行分析，其中$s_1^-$、$s_2^-$、$s_3^-$分别为三项投入指标的松弛值，$s_1^+$、$s_2^+$分别是两项产出指标的松弛值。样本中的新型林业经营主体除了达到DEA效率有效，即不存在投入冗余或产出不足情况的以外，其他均存在不同程度的投入冗余或产出不足。投入有冗余，说明所投入资源要素的使用率低，未有效实现资源的合理配置[18]；产出有不足，说明在现有要素的投入水平下，资源投入未有效转化为产出。如下表所示，四类新型林业经营主体当中，龙头企业在投入方面表现出较大的松弛值，三项投入指标均表现出不同程度的冗余，其中林地投入的冗余值最大，表明龙头企业对林地资源的总体利用水平不及预期，此外在劳动力和经营所需生产资料方面的投入也有冗余，以及对技术要素的利用率也有待提升；同时在实地调查中也发现，由于样本中的龙头企业的主营产品出现滞销的情况，致使龙头企业销量不稳，最终导致产出不足，此外，还需要更好地发挥林业龙头企业对农户的引领和带动作用。林业合作社的投入冗余主要体现在林地投入和其他投入这两项投入指标中，原因可能是林业合作社在技术、运输及其他投入等方面的要素利用能力仍有待加强，而且现有投入在一定周期内还没有完全转化为产出，其在总收入和对农户的带动方面依然存在不足，说明林业合作社的要素投入结构不够合理，还需进一步优化。家庭林场的投入冗余主要体现在林地资源的利用率不高，在产出方面收益较低，后期应优化投入，根据自身条件来判断规模是否适度。林业大户的投入冗余主要是林地资源的投入，产出不足主要体现在林业总收入方面，原因可能是部分林业大户是以营林造林为主，需要加大面积连片造林，前期的投入较大，再加上一部分林业大户的主要收入来源为造林补贴，获得林业经营性收入的时限要在10年以上，致使短期收入难以提升。总体来看，四类新型林业经营主体的投入指标中冗余值最大的是林地投入这一项，原因主要是一方面林业生产经营活动易受自然因素的影响和自然条件的限制，另一方面林业生产经济具有前期投入大，收益回报周期长的特点，加之要素资源的约束，进而影响对其的充分合理利用；产出指标中林业总收入显现出较多不足，经营主体的盈利能力以及对农户的辐射带动力还存在很大的提升空间。

表3-10　新型林业经营主体投入产出指标的松弛变量均值

| 新型经营主体 | 投入冗余 | | | 产出不足 | |
| --- | --- | --- | --- | --- | --- |
| | $s_1^-$（万元） | $s_2^-$（hm²） | $s_3^-$（万元） | $s_1^+$（万元） | $s_2^+$（户） |
| 家庭林场 | 0.955 | 4.809 | 1.302 | 0.197 | 0.939 |
| 林业大户 | 0.014 | 15.005 | 0.038 | 15.375 | 0.769 |
| 林业合作社 | 1.908 | 20.982 | 4.259 | 10.799 | 5.733 |
| 龙头企业 | 5.520 | 50.531 | 1.193 | 21.668 | 14.328 |
| 平均值 | 2.099 | 22.832 | 1.698 | 12.010 | 5.442 |

## 三、影响林业新型经营主体经营效率的因素分析

以前文DEA模型测算的综合效率值作为被解释变量，因DEA模型中测算出的综合效率值

---

[18] 刘正军，蚁向文. 基于DEA模型的沿海九省物流效率分析[J]. 湖南工业大学学报（社会科学版），2019，24(02):41-47.

的取值范围在0到1之间，Tobit模型适用于被解释变量的数值被限定在一定区间内的情况，因此本文选用Tobit模型分析各类林业新型经营主体经营效率的影响因素分析。

建立Tobit回归模型如下：

$$EY_i = \mu_i + \sum_1^j \beta_j \ln X_j + \varepsilon_i, \quad i = 1, 2, \cdots$$

其中：上式中家庭林场、林业合作社、龙头企业和林业大户各主体的$i$值分别为15、16、11和13，$\beta_j$表示各自变量的回归系数，$\mu_i$为回归方程的残差项，$\varepsilon_i$为回归方程的误差项。

## （一）家庭林场经营效率影响因素分析

### 1. 变量选取及解释

结合以往学者相关研究成果以及家庭林场发展现状特征，并依据调查实际情况选取的解释变量如下：

林场主个人及家庭特征：林场主的年龄、受教育程度等会影响个人对新鲜事物的接受度、现代互联网的使用程度以及市场的判断，从而影响林场主经营林场时的决策。以往研究中林场主几乎都是男性，结合调研情况，样本家庭林场中有一些女性林场主，因此文章加入性别变量。除个人因素外，林场主家庭特征也会影响家庭林场的生产经营。综上所述，文中选择性别、年龄、受教育程度、家庭劳动力在林场中工作的比例4个变量代表林场主个人及家庭特征变量考察其对家庭林场经营效率的影响。

家庭林场特征：家庭林场自身的禀赋特征直接影响着家庭林场经营效率的有效提升，家庭林场自身机械、规模、基础设施以及经营产品的标准化管理、能否稳定销售等都在一定程度上反映了家庭林场生产经营情况。另外，选择周边是否有其他家庭林场来考察生产竞争是否会促进家庭林场经营效率的提升。综上，选择是否实行统一的标准化生产和管理、雇工人数、林地块数、带动农户数等9个变量来考察家庭林场的哪些特征会影响其经营效率。

政策作用：随着新型林业经营主体的兴起，相关的一系列扶持政策也相继发布。在结合前人研究的基础上加入政策作用，考察相关补贴扶持政策对其经营效率是否有显著作用。主要选择问卷中是否了解家庭林场相关扶持政策、是否获得林业补贴两个变量进行分析。

另外，所调查的31份样本的林场主均参加过林业培训，所经营的家庭林场均获得了林业补贴，所以在Tobit模型中不设置该变量。

具体的指标赋值情况如下表3-11所示：

表3-11 家庭林场指标变量及赋值

| 变量类型 | 变量名 | 赋值 |
| --- | --- | --- |
| 林场主个人及家庭特征 | $X_1$ 性别 | 男=1；女=0 |
| | $X_2$ 年龄 | — |
| | $X_3$ 受教育程度 | 小学=6；初中=9；高中=12；大学专科=14，大学本科=16；硕士及以上=19 |
| | $X_4$ 家庭劳动力在林场中工作的比例 | — |

(续)

| 变量类型 | 变量名 | 赋值 |
|---|---|---|
| 家庭林场特征 | $X_5$ 是否实行统一的标准化生产和管理 | 是 =1；否 =0 |
| | $X_6$ 现有雇工人数 | — |
| | $X_7$ 林场的基础设施能否满足生产经营需要 | 是 =1；否 =0 |
| | $X_8$ 林地块数 | — |
| | $X_9$ 林场生产是否有固定的技术咨询渠道 | 是 =1；否 =0 |
| | $X_{10}$ 是否商品林 | 是 =1；否 =0 |
| | $X_{11}$ 产品销量是否稳定 | 是 =1；否 =0 |
| | $X_{12}$ 周边是否有其他家庭林场 | 是 =1；否 =0 |
| | $X_{13}$ 带动农户数 | — |
| 政策作用 | $X_{14}$ 是否了解家庭林场的相关扶持政策 | 是 =1；否 =0 |
| | $X_{15}$ 您认为政府对家庭林场的政策扶持力度 | 扶持力度弱 =1；扶持力度一般 =2；扶持力度强 =3 |

注：表中受教育程度吸取学者经验通过各阶段受教育年限进行赋值。

### 2. 模型结果分析

主要模型估计结果如表3-12所示。模型的极大似然值（Log likelihood 值）为17.677453，数值处于较大阶段，Prob > chi2= 0.0000，通过上述统计检验量可知，模型拟合效果较好。

表 3-12　Tobit 模型回归结果统计

| 解释变量 | 系数 | 标准差 | t | p |
|---|---|---|---|---|
| $X_1$ | −0.0722199 | 0.084698 | −0.85 | 0.406 |
| $X_2$ | −0.0049506 | 0.0028071 | −1.76 | 0.097 |
| $X_3$ | −0.0082288 | 0.0092323 | −0.89 | 0.386 |
| $X_4$ | 0.3695057 | 0.1024231 | 3.61 | 0.002 |
| $X_5$ | 0.1494297 | 0.0886987 | 1.68 | 0.111 |
| $X_6$ | 0.0453864 | 0.0268849 | 1.69 | 0.111 |
| $X_7$ | 0.4460536 | 0.1165502 | 3.83 | 0.001 |
| $X_8$ | −0.0769183 | 0.0284085 | −2.71 | 0.016 |
| $X_9$ | −0.045414 | 0.0615815 | −0.74 | 0.472 |
| $X_{10}$ | −0.0763281 | 0.0694313 | −1.1 | 0.288 |
| $X_{11}$ | −0.0155045 | 0.0544922 | −0.28 | 0.78 |
| $X_{12}$ | 0.134856 | 0.0575426 | 2.34 | 0.032 |
| $X_{13}$ | 0.005244 | 0.0023858 | 2.2 | 0.043 |
| $X_{14}$ | 0.0584751 | 0.0757778 | 0.77 | 0.452 |
| $X_{15}$ | 0.1503661 | 0.067124 | 2.24 | 0.04 |

注：上表中参数值是在 stata 软件中 tobit 回归后经过 LR 检验比对过的值，*、**、*** 分别表示10%、5%、1% 显著性水平下显著。

表3-12的结果显示，$X_2$（年龄）与家庭林场经营效率的相关系数在10%的显著性水平下显著，方向为负。即林场主年龄越大，接受新技术、新理念的能力较弱一些，尤其对于互联

网的使用方面。故对家庭林场的管理、运营以及经营种类、政策解读等方面的信息了解较为滞后；另一方面，林场主年龄越大，观念较为传统，对他们而言，林地是非常重要的生产资料，更有可能倾向于保有林地，不轻易转出土地，外出打工的几率就越小，因而对家庭林场先进的管理技术、理念等的了解有一定的局限。变量$X_4$（家庭劳动力在林场中工作的比例）与家庭林场经营效率的相关系数在1%显著性水平下显著，即对于林业而言，家庭经营具有经营灵活、劳动激励高以及监督成本极低的优势，因此，家庭经营林业能灵活应对各种自然灾害和市场风险，并且若是由家庭成员从事林场的经营活动，因家庭成员能获取所有的剩余，因此激励最高，监督成本也为零。若是雇佣劳动力进行经营活动，则由于雇佣劳动者缺乏像家庭劳动成员那样的自觉性和责任心，会出现偷懒的行为，其劳动是低效的，而且林业的特性决定其生产经营过程和工业不一样，其生产经营过程的分散性导致监督是困难的，如果要对每一个劳动者进行有效监督需要花费巨大的监督成本，因此无法有效监督每一个劳动者，也就难以制止雇佣劳动者的低效劳动，进而导致家庭林场经营效率的降低。所以越多的家庭劳动力在自家的家庭林场里工作，意味着其能越灵活地经营、劳动越高效、监督成本越低廉，则家庭林场的经营效率越高。变量$X_7$（林场基础设施能否满足生产经营需要）在1%显著性水平下显著，且方向为正，说明家庭林场基础设施的完善程度对其经营效率有极显著的正向作用。家庭林场自身生产经营方面的基础设施建设是保证林场稳定发展的基础，其基础设施建设能满足产品生产、加工等需要，有利于提高经营效率。变量$X_8$（林地块数）与家庭林场的经营效率在5%显著性水平通过检验。调查中发现，不少家庭林场通过林地流转，实现了林地的集中连片经营，家庭林场林地规模越集中，意味着经营者管理林场的时候越轻松，而且有助于使用先进的林业机械、灌溉技术，因此其经营效率就越高。反之，林地块数越多意味着该林场的林地越不集中，分散的林地会使得林场主在经营过程中增加人力、物力的投入，使得林业生产经营成本上升，同时，较为分散的林地会使机械应用于生产经营活动变得更加困难，也阻碍了林场综合效率的提高。变量$X_{12}$（周边是否有其他家庭林场）与家庭林场经营效率的相关系数在5%的显著性水平下显著，方向为正。若周边有其他家庭林场，则有益于家庭林场之间的技术和信息交流，进而提高经营效率；变量$X_{13}$（带动农户数）与家庭林场经营效率的相关系数在5%的显著性水平下显著，方向为正。说明家庭林场在发展自身的同时，与农户之间的订单越多，规模越大，需要雇工的数量越多，从而带动的农户越多，其经营效率越高。变量$X_{15}$（政府对家庭林场的政策扶持力度）与家庭林场经营效率的相关系数在5%的显著性水平下显著，方向为正。说明政府对家庭林场的扶持力度越大，对家庭林场主经营的主观意愿和信心激励较大；再者，政府的扶持力度越大，家庭林场有更多的机会获得充足的资金等来保障其运营，进一步激发家庭林场经营的热情，有利于提高经营效率。

## （二）林业合作社经营效率影响因素分析

林业合作社既是乡村经济、林业经营的重要组成部分，同时也是连接林农、林企等的桥梁纽带，其在联合农户参与生产、扩大生产规模的基础上，可以有效地将分散的资金、劳动力、林地和市场组织起来[19]，为林业产业提供了广阔的发展空间。通过对林业合作社经营效率的影响因素进行实证分析，有利于林业合作社的运行效率的有效提升，从而推动林业合作社良性发展。

---

[19] 杨冬梅,雷显凯,康小兰,朱述斌.集体林权制度改革配套政策对农户林业生产经营效率的影响研究[J].林业经济问题，2019,39(02):135-142.

## 1. 变量选取及解释

结合相关学者研究成果并联系实际调查情况，主要从林业合作社负责人个人特征、合作社基本特征以及政策作用情况三方面选取相关指标变量。

合作社负责人特征主要选取年龄、受教育程度、从事林业经营活动年限3个变量。由于调查样本中的合作社负责人均为男性，因此模型不再考虑性别的影响。由于参加林业培训可以反映合作社负责人从事林业生产的经验与技术，一定程度上会影响合作社的经营效率，因此在调查整理中特别关注到合作社负责人要么参加过林业培训，要么自己了解学习过林业相关技术等，故在此模型中不考虑"是否参加林业培训"变量。

合作社基本特征主要考虑合作社经营林地规模、产品生产、销售等方面，另外考虑到加入合作社会为农户提供相关服务等特征。因此主要选择的指标有合作社经营林地面积、长期雇工人数、产品是否统一管理、产品统一销售、是否为农户提供资金支持等10个指标来考察林业合作社经营效率的影响因素。

政策作用方面主要考虑到有关林业合作社发展的一系列政策相继发布后，相关扶持政策对合作社的发展具有重要作用，因此考察合作社对相关政策的了解度，政府资金扶持力度以及相关补贴对其经营效率是否有显著作用。主要选择问卷中合作社是否了解政府关于合作社的相关扶持政策、政府政策对合作社的资金扶持力度、是否享受过政府补贴3个变量进行分析。

具体的指标赋值情况如下表3-13所示：

表3-13 林业合作社指标变量及赋值

| 变量类型 | 变量名 | 赋值 |
| --- | --- | --- |
| 合作社负责人特征 | $X_1$ 年龄 | — |
| | $X_2$ 受教育程度 | 小学=6；初中=9；高中=12；大学专科=14，大学本科=16；硕士及以上=19 |
| | $X_3$ 从事林业经营活动年限 | — |
| 合作社基本特征 | $X_4$ 合作社经营林地总面积 | — |
| | $X_5$ 是否实行统一的标准化生产和管理 | 是=1；否=0 |
| | $X_6$ 长期雇工人数 | — |
| | $X_7$ 合作社经营资金是否稳定 | 是=1；否=0 |
| | $X_8$ 合作社是否为社员提供统一生产资料 | 是=1；否=0 |
| | $X_9$ 产品是否统一销售 | 是=1；否=0 |
| | $X_{10}$ 是否加入电商平台 | 是=1；否=0 |
| | $X_{11}$ 合作社与农户之间的联结方式 | 紧密型=5；半松散半紧密=4；松散型=3；半松散=2；无联结=1 |
| | $X_{12}$ 是否为农户提供资金支持 | 是=1；否=0 |
| | $X_{13}$ 带动农户数量 | — |
| 政策作用 | $X_{14}$ 是否了解政府关于合作社的相关扶持政策 | 是=1；否=0 |
| | $X_{15}$ 政府政策对合作社的资金扶持力度 | 扶持力度弱=1；扶持力度一般=2；扶持力度强=3 |
| | $X_{16}$ 是否享受过政府补贴 | 是=1；否=0 |

注：上表中，变量 $X_{11}$ 的赋值定义：农户要素入股为紧密型联结；农户与合作社为契约式、合同式的联结方式为半紧密半松散型联结；合作社与农户为随机收购或是临时雇佣的联结方式为松散型；半松散型为合作社间接与农户发生的其他交易行为等。

## 2. 模型结果分析

模型的极大似然值（Log likelihood 值）为14.241082，其拟合效果较好，主要结果统计如下表3-14所示。

表3-14 Tobit 模型回归结果统计

| 解释变量 | 系数 | 标准差 | t | P |
|---|---|---|---|---|
| $X_1$ | −0.0059614 | 0.0035502 | −1.68 | 0.111 |
| $X_2$ | 0.0172658 | 0.0083965 | 2.06 | 0.055 |
| $X_3$ | 0.0307172 | 0.0139913 | 2.2 | 0.042 |
| $X_4$ | −0.00000314 | 0.0000218 | −0.14 | 0.887 |
| $X_5$ | 0.2052795 | 0.0708432 | 2.9 | 0.01 |
| $X_6$ | −0.003021 | 0.0010144 | −2.98 | 0.008 |
| $X_7$ | 0.1172791 | 0.0748661 | 1.57 | 0.136 |
| $X_8$ | −0.0853948 | 0.0757879 | −1.13 | 0.275 |
| $X_9$ | 0.2878631 | 0.1043145 | 2.76 | 0.013 |
| $X_{10}$ | 0.1411048 | 0.0833247 | 1.69 | 0.109 |
| $X_{11}$ | −0.0168845 | 0.0207911 | −0.81 | 0.428 |
| $X_{12}$ | −0.1342467 | 0.0783366 | −1.71 | 0.105 |
| $X_{13}$ | 0.0004357 | 0.0001244 | 3.5 | 0.003 |
| $X_{14}$ | 0.1598343 | 0.0703986 | 2.27 | 0.036 |
| $X_{15}$ | 0.1080296 | 0.0479931 | 2.25 | 0.038 |
| $X_{16}$ | 0.1084428 | 0.0918774 | 1.18 | 0.254 |

注：上表中参数值是在 stata 软件中 tobit 回归后经过 LR 检验比对过的值，*、**、*** 分别表示10%、5%、1%显著性水平下显著。

依据模型结果显示（表3-14），变量$X_2$（合作社负责人受教育程度）对林业合作社经营效率的影响在10%的水平上正向显著，其原因可能在于被调查的样本合作社负责人受教育程度越高，文化水平相对也会更高，在林业合作社的管理方式上更加具有经验，对现代化的经营理念的接受能力更强，使得合作社不再只是保守发展，还能有所创新，尤其在业务拓展方面更具优势，从而有利于合作社经营效率的提升。变量$X_3$（从事林业经营活动年限）通过了5%的显著性检验，与合作社经营效率相关系数为正，原因可能是样本区的林业合作社经营活动年限越长，表明林业合作社在具备一定发展经验的基础上，在经营管理方面渐成体系，合作社的整体经营范围不再单一化，获取资源的渠道逐步拓宽，有能力获得更高的利润。变量$X_5$（是否实行统一的标准化生产和管理）在5%的水平上对合作社的经营效率正向显著，原因可能是：对于从事林业生产经营的合作社来说，标准化的生产模式下往往更加有利于合作社的品牌建设，林产品的质量及其附加值也会得到提升，使其销售和推广更为容易，从而提高合作社的收益，有助于经营效率提升。变量$X_6$（长期雇工人数）对合作社经营效率的影响在1%的水平上负向显著，原因可能在于长期雇工人数越多，表明合作社在产品生产的产前、产中、产后各环节还较为依赖人工操作，林业机械的应用水平不足使得雇工成本较高，不利于经营效率提升。变量$X_9$（产品是否统一销售）在5%的水平上对合作社的经营效率正向显著，原因在于，合作社统一对林产品进行销售有利于长期订单合作的达成，产品的销售价格也会更加稳定，与社员签订合同也有利于契约关系的稳定性，促进了经营效率的提升。变量$X_{13}$（带动农户数量）对合作社经营效率具有一定正向影响，原因可能是能够带动更多农户的合作社往往已经具有一定规模，且将其服务范围扩展至当地的非社员农户，有利于合作社经营规模的逐步扩大，促进经营效率提升。变量$X_{14}$（是否了解政府关于合作社的相关扶持政策）在5%的水平上显著正向影响合作社的经营效率，原因在于对政府政策的了解度越高，合作社的发展在政策导向下越不会脱离发展的大方向，也更有利于林业合作社的规范运行。变量$X_{15}$（政府政策对合作社的资金扶持力度）通过了5%的显著性检验，与合作社经营效率相关系数为正。主要原因在于对林业合作社来说，本身就具有收益周期较长的特点，而获得的政府资金扶持的力度越大，合作社获取的经营资金会使其在资源配置上得到优化，从而促进经营效率的提升。

## （三）龙头企业经营效率的影响因素分析

随着农业产业化的发展，开始涌现出越来越多的龙头企业，这些实力不断壮大的龙头企业，已逐渐加入推动我国现代林业建设和带动农民增收的主力军行列中。

### 1. 变量选取及解释

结合相关学者研究成果并依据实际调查情况，主要从企业负责人个人特征、企业基本特征以及政策作用情况三方面选取相关指标变量。

龙头企业负责人特征主要选取年龄、受教育程度、是否接受过林业培训3个变量。样本企业负责人全部为男性，模型不再考虑性别的影响。同时调查整理后发现企业负责人要么参加过林业培训，要么自己了解学习过林业相关技术等，故在此模型中不考虑"是否参加林业培训"变量。主要考虑年龄和受教育程度会影响企业负责人的决策选择，进而影响林业龙头企业的经营效率。

龙头企业基本特征：林业龙头企业的固定员工数量在反映企业规模的同时，也代表着企业在经营过程中的人力资源的投入，会对经营效率有一定的影响[20]；拥有的基地数和机器设备购买费用，说明企业在固定资产方面的投入；电商平台的投入会开拓产品的销售方式，进而影响经营效率。因此，文章选择企业固定员工数、拥有的基地数、机器设备购买费用、是否投入电商平台、产品销量是否稳定和是否为农户提供资金支持等指标考察企业经营效率受到哪些因素的影响。

政策效果对龙头企业的影响也不可小觑，龙头企业是否得到相关政策的支持，也会影响其经营决策，进而影响其经营效率。因此文章选择政府关于龙头企业的相关扶持政策、政府政策对企业的资金扶持力度和是否得到技术创新政策的支持三个变量来反映政策作用对企业经营效率的促进作用。具体的指标赋值情况如下表3-15所示：

---

[20] 彭佑元，陶凯莉，张克勇.林业上市公司绩效评价研究——基于DEA模型和Malmquist指数[J].林业经济，2017，39(04):93-97+101.

表3-15 龙头企业指标变量及赋值

| 变量类型 | 变量名 | 赋值 |
| --- | --- | --- |
| 企业负责人特征 | $X_1$ 年龄 | — |
| | $X_2$ 受教育程度 | 小学=6；初中=9；高中=12；大学专科=14，大学本科=16；硕士及以上=19 |
| 合作企业基本特征 | $X_3$ 企业固定员工数 | — |
| | $X_4$ 企业拥有的基地数量 | — |
| | $X_5$ 机器设备购买费用 | — |
| | $X_6$ 产品销量是否稳定 | 是=1；否=0 |
| | $X_7$ 是否投入电商平台 | 是=1；否=0 |
| | $X_8$ 是否为农户提供资金支持 | 是=1；否=0 |
| 政策作用 | $X_9$ 是否了解政府关于龙头企业的相关扶持政策 | 是=1；否=0 |
| | $X_{10}$ 政府政策对企业的资金扶持力度 | 扶持力度弱=1；扶持力度一般=2；扶持力度强=3 |
| | $X_{11}$ 是否得到技术创新政策的支持 | 是=1；否=0 |

## 2. 模型结果分析

对龙头企业的回归模型极大似然值（Log likelihood 值）为21.80219，模型拟合效果较好。主要结果统计如下表3-16所示：

表3-16 Tobit 模型回归结果统计

| 解释变量 | 系数 | 标准差 | T | p |
| --- | --- | --- | --- | --- |
| $X_1$ | −0.0099003 | 0.0033643 | −2.94 | 0.008 |
| $X_2$ | 0.0176212 | 0.0115778 | 1.52 | 0.144 |
| $X_3$ | 0.0016927 | 0.0009705 | 1.74 | 0.097 |
| $X_4$ | −0.0119233 | 0.0067059 | −1.78 | 0.091 |
| $X_5$ | 0.0007198 | 0.0005863 | 1.23 | 0.235 |
| $X_6$ | 0.0685645 | 0.0622858 | 1.1 | 0.285 |
| $X_7$ | 0.1833295 | 0.0602646 | 3.04 | 0.007 |
| $X_8$ | 0.1476554 | 0.0599246 | 2.46 | 0.023 |
| $X_9$ | −0.0527588 | 0.1052149 | −0.5 | 0.622 |
| $X_{10}$ | 0.0630877 | 0.0204619 | 3.08 | 0.006 |
| $X_{11}$ | 0.0099662 | 0.0350593 | 0.28 | 0.779 |

注：上表中参数值是在 stata 软件中 tobit 回归后经过 LR 检验比对过的值，*、**、*** 分别表示10%、5%、1%显著性水平下显著。

表3-16回归结果显示，变量$X_1$（年龄）与林业龙头企业经营效率的相关系数在1%的显著性水平下通过检验，方向为负。即企业负责人年龄越大，在企业生产经营管理过程中，更会选择保守的经营方式，而对新技术的使用较为谨慎，这对企业经营效率的提升有显著的阻碍作用。变量$X_3$（企业固定员工数）与企业经营效率的相关系数在10%的显著性水平下正显著。即企业固定员工数越多，企业经营效率越高。企业的人力资本是其发展的基础，员工数越多，劳动力投入带来的工作产出越多，企业的经营效率也就越高。另外，企业员工数越多，企业规模

越大，企业员工分工配置更合理，更有利于提高企业的经营效率。$X_4$（企业拥有的基地数量）与企业经营效率的相关系数在10%水平下负显著。即企业拥有的基地数量越多，其经营效率越低。据调查中企业负责人表示主要原因是企业基地数量越多，其管理、运行花费的人力、物力、财力成本越高，并且林业生产中人工的精细化作业较少，基本依赖于机械作业，而分散的基地位置，使得机械生产的成本增加，不利于企业经营效率的提升。变量$X_7$（是否投入电商平台）与企业经营效率的相关系数在1%水平下正显著，表明企业对电商平台有助于企业经营效率的显著提升。企业发展林业电商平台，极大促进了林业企业之间的信息交流，拓展了产品销售渠道，降低了交易成本，显著促进了企业的经营效率的提升。变量$X_8$（为农户提供资金支持）与企业经营效率的相关系数在5%水平下正显著。主要原因可能是龙头企业与农户之间的合作有利于企业经营效率的提升，龙头企业与农户合作，形成利益共同体，在长期合作关系中为农户提供资金支持，带动农户、帮助农户致富，同时也会不断提高自身的经营效率。变量$X_{10}$（政府政策对企业的资金支持力度）与企业经营效率的相关系数在1%水平下正显著。即与龙头企业相关的金融支持政策、林业保险政策等支持力度越大，对企业经营效率的提升作用越显著。

### （四）林业大户经营效率的影响因素分析

#### 1. 变量选择及解释

结合西北地区林业特点及相关研究与调查从林业大户个人基本情况、林业生产经营特征和政策作用三方面选取指标。

林业大户个人及家庭特征：户主的年龄和受教育程度会影响经营的风险偏好、接受新鲜事物的能力和对事情的反应能力，对经营效率产生影响。因此选择年龄、受教育程度和家庭长期从事林业工作生产的劳动力人数3个变量分析户主个人及家庭特征对其林业经营效率的影响。

林业经营特征：林地经营总面积和拥有机械总数是林业大户自身发展的制约因素，是否有固定的技术咨询渠道则直接影响林地经营效率[21]。且通过调研发现，林业大户在自身林地经营中都有家庭成员的参加，且都主要从事林业经营，对林业的依赖性较高，故选取林业收入占家庭收入的比例；又因西北地区林地的地域特点，存在很多经营风险，其经营收入的稳定程度也会影响其经营效率。新型林业经营主体内生技术进步是持续获得经济效益的动力[22]，而其林木育苗、病虫害防治等林业技术基础设施[23]的配置完善程度直接影响其技术进步的提升，进而影响其经营效率的提高。因此选择林地经营总面积、林业收入占家庭收入的比例、拥有机械总数、林业经营收入是否稳定、现有的信息及林业生产技术基础设施能否满足生产经营需要等7个变量分析其对林业大户经营效率的影响。

相关政策为新型林业经营主体提供了有力的资金保障[24]，对相关政策的了解和政策的落实程度会影响林业大户的发展方向进而影响经营效率。结合问卷，选取是否享受政府补贴、政府对林业大户的资金支持、政策扶持力度和是否了解政府关于林业大户的相关扶持政策这3个变量考察政策作用对其经营效率的影响。

---

[21] 黄盛怡. 集体林权制度改革后分散林地经营模式及效益研究[D]. 安徽农业大学, 2018.
[22] 董娅楠, 缪东玲, 程宝栋. FDI对中国林业全要素生产率的影响分析——基于DEA-Malmquist指数法[J]. 林业经济, 2018, 40(04):39-45.
[23] 李浩明. 基于ArcGIS Server的林业病虫害遥感监测与预测系统的设计与实现[D]. 北京林业大学, 2011.
[24] 柯水发, 王亚, 孔祥智, 崔海兴. 新型林业经营体系培育的动因、特征及经验——基于浙江、江西及安徽3省的调查[J]. 林业经济, 2015, 37(01):96-105.

综上所述，具体的解释变量如下表3-17所示。另外调查整理后发现所有的林业大户户主都参加过林业培训，故在此模型中不考虑"是否参加林业培训"变量。

表3-17 林业大户指标变量及赋值

| 变量类型 | 变量名 | 赋值 |
|---|---|---|
| 户主个人及家庭特征 | $X_1$ 年龄 | — |
| | $X_2$ 受教育程度 | 小学=6；初中=9；高中=12；大学专科=14，大学本科=16；硕士及以上=19 |
| | $X_3$ 家庭长期从事林业工作生产的劳动力人数 | — |
| 林业经营特征 | $X_4$ 林地经营总面积 | — |
| | $X_5$ 林业收入占家庭收入的比例 | — |
| | $X_6$ 拥有机械总数 | — |
| | $X_7$ 林业经营收入是否稳定 | 是=1；否=0 |
| | $X_8$ 林业技术基础设施能否满足生产经营需要 | 是=1；否=0 |
| | $X_9$ 是否与周边小农户有经营往来 | 是=1；否=0 |
| | $X_{10}$ 是否有固定的技术咨询渠道 | 是=1；否=0 |
| 政策作用 | $X_{11}$ 是否享受政府补贴 | 是=1；否=0 |
| | $X_{12}$ 政府对林业大户的资金支持、政策扶持力度 | 扶持力度弱=1；扶持力度一般=2；扶持力度强=3 |
| | $X_{13}$ 是否了解政府关于林业大户的相关扶持政策 | 是=1；否=0 |

### 2. 模型结果分析

主要模型估计结果如表3-18所示。

表3-18 Tobit 模型回归结果统计

| 解释变量 | 系数 | 标准差 | t | P |
|---|---|---|---|---|
| $X_1$ | −0.0062767 | 0.0044503 | −1.41 | 0.176 |
| $X_2$ | 0.0259276 | 0.0171466 | 1.51 | 0.149 |
| $X_3$ | 0.155764 | 0.0864846 | 1.8 | 0.089 |
| $X_4$ | −0.0000509 | 0.0000314 | −1.62 | 0.124 |
| $X_5$ | 0.3446475 | 0.1585894 | 2.17 | 0.044 |
| $X_6$ | 0.0396167 | 0.022532 | 1.76 | 0.097 |
| $X_7$ | −0.2096423 | 0.1273663 | −1.65 | 0.118 |
| $X_8$ | 0.2790778 | 0.0841436 | 3.32 | 0.004 |
| $X_9$ | 0.1982795 | 0.0905877 | 2.19 | 0.043 |
| $X_{10}$ | 0.2056096 | 0.1159555 | 1.77 | 0.094 |
| $X_{11}$ | −0.090742 | 0.0964047 | −0.94 | 0.36 |
| $X_{12}$ | 0.0452076 | 0.1100718 | 0.41 | 0.686 |
| $X_{13}$ | 0.1885941 | 0.08398 | 2.25 | 0.038 |

注：上表中参数值是在stata软件中tobit回归后经过LR检验比对过的值，*、**、***分别表示10%、5%、1%显著性水平下显著。

从上表3-20的结果中可以看出，变量$X_3$（家庭长期从事林业工作生产的劳动力人数）与林业大户经营效率的相关系数在10%显著性水平下显著，方向为正。由林业大户的家庭成员经营林业工作，可以对灾害和风险进行灵活应对，若是雇佣劳动力进行生产经营，由于其缺少责任心，会出现偷懒的行为，导致劳动低效，并且由于林业经营存在较分散的特性，家庭成员对雇工的监督效果较差，进而导致林业大户经营效率降低。所以家庭长期从事林业工作生产的劳动力人数越多，意味着其经营越灵活，抗风险能力越强和监督成本越低，经营效率越高。变量$X_5$（林业收入占家庭收入的比例）与林业大户的经营效率的相关系数在5%的显著性水平下通过检验，方向为正，林业收入占家庭收入的比例越高，意味着林业大户对其所经营的林业活动依赖程度越高，其生产积极性越高，也会自发投入更多的精力和时间管理林地，进而更有可能提高经营效率。变量$X_6$（拥有机械总数）与林业大户的经营效率的相关系数在10%的显著性水平下通过检验，方向为正，说明拥有的机械总数越多，则经营效率越高，原因可能是拥有机械总数越多，其生产效率越高，也有助于大户经营林地效率的提升。变量$X_8$（林业技术基础设施能否满足生产经营需要）与林业大户经营效率的相关系数在1%的显著性水平下通过检验，方向为正，即林木育苗、病虫害防治等林业技术基础设施越完善，越有利于提高林业大户的经营效率。原因主要是林业技术基础设施的建设与完善，不仅可以提升生产质量与产品品质，也可以通过实时监测复杂多变的气象灾害因素，提高病虫害防治与生产管理水平，进而提升其经营效率。变量$X_9$（是否与周边小农户有经营往来）与林业大户的经营效率的相关系数在5%的显著性水平下通过检验，方向为正，说明林业大户与周边小农户有经营往来，有利于其提高经营效率。在调研中还得知，在收购产品、合作销售和交流合作等方面与小农户的紧密联系，尤其在交流合作方面，往来的最为密切的大户，其经营效率往往更好。变量$X_{10}$（是否有固定的技术咨询渠道）与林业大户的经营效率的相关系数在10%的显著性水平下通过检验，方向为正，林业大户有固定的技术咨询渠道，可以及时获取新技术、降低经营成本，提高市场竞争力，减少风险，进而提高经营效率。变量$X_{13}$（是否了解政府关于林业大户的相关扶持政策）与林业大户的经营效率的相关系数在5%的显著性水平下通过检验，方向为正，即林业大户了解政府的相关扶持政策，政策导向会提高林业大户的经营积极性，并在经济支持等方面保障林业大户的日常经营，进而提高经营效率。

##  典型案例

### 一、富盛源家庭林场

#### （一）发展概况

靖远县富盛源家庭林场位于靖远县若笠乡，成立于2017年8月，注册资金350万元，林场主要生产经营玉米、苜蓿种植、林下散养鸡、滩羊养殖及其产品销售，是一家集种植、养殖和销售为一体的新型林业经营主体。

#### （二）提升经营效率的主要做法

（1）实现林地连片流转，提升装备现代化水平　靖远县属于国家六盘山集中连片特困地区，而若笠乡则是靖远县贫困程度最深、脱贫难度最大的乡镇，也是通过整村搬迁实现脱贫的乡镇，整村搬迁为富盛源家庭林场林（农）地连片流转创造了良好条件，且林（农）地流转成本低，林（农）地流转规模由2017年1000亩逐渐增加到2019年的2800亩，分布在若笠乡的曹岘、牛庄等村，不断增加的流转林（农）地为家庭林场规模化经营奠定基础。同时，富盛源家庭林场通过不断购置大型拖拉机、铡草机、精量施肥播种机，苜蓿收割、加工机械等现代化机具装备，通过机械代替人工逐步提升机械化生产水平，机械化生产为富盛源家庭林场每公顷节约成本1500～2000元，有效降低了生产成本，提升了生产效率，增强了林场的竞争力。

（2）充分利用林地资源空间，大力发展林下种养殖业　林场种植了800亩杏树，杏树幼龄期树冠小，林地整体利用率不高，前期只有投入没有产出，为降低损失，利用杏树行间空地套种互生互利的经济作物，例如种植紫花苜蓿，紫花苜蓿有许多有益的营养成分，一亩紫花苜蓿干草所含粗蛋白质是小麦的5～6倍，是其他牧草所不能代替的优质饲料。利用林下行间空地套种既减少了施肥量、除草量和农药用量，又降低了杏树的早期投入，有效过渡了杏树种植前期的空档期。再有，林场充分利用在山区营林造林的优势，充分利用林下空间，在牛庄村建成林下散养鸡养殖区一处，占地3541.2平方米，散养鸡存栏量20000羽，在曹岘村建成标准化滩羊养殖区一处，占地10541.4平方米，存栏量达到760只，修建草料600平方米，硬化晒场1000平方米。这些做法使林场获得了早期的经济效益，增加了收入，增强了林场可持续发展能力。

（3）拓展林业循环经济链条，示范带动产业发展　富盛源家庭林场立足当地实际，发挥区位优势，建设循环经济和生态农业，确立了"林（农）地流转、产业跟进、以草养畜、以畜促农、循环发展"的新理念，发展立体化种养，经济林果与林下养殖结合，用滩羊、散养鸡粪便发酵为紫花苜蓿、杏树等提供肥料，减少了施肥量、除草量和农药用量，而紫花苜蓿作为优质的牧草料，可作为滩羊、散养鸡的饲料来发展滩羊及散养鸡养殖，起到了以短养长，以耕抚林的作用。同时，富盛源家庭林场采取"林场+基地+农户"的经营模式，建成全县紫花苜蓿种植基地、滩羊养殖基地、林下散养鸡示范基地，带动若笠乡养殖业、人工种草业的发展，使农户共同富裕，加快了脱贫致富的步伐，起到了典型示范作用。

### (三) 面临的主要困难

（1）自然环境条件不利，产业发展面临诸多风险　若笠乡境内山大沟深，其地形为山峦起伏的黄土高原丘陵沟壑区，植被稀少，气候干燥，风多雨少，十年九旱，自然灾害及病虫害多发，自然环境条件不利，产业发展基础薄弱，涉林产业发展面临诸多自然风险。

（2）劳动力供给不足，实用新型技术推广难度大

若笠乡是六盘山区贫困乡，当地农民收入工资性收入占比高，周边农村大量青壮年劳动力常年外出务工，农场雇佣高素质劳动力相对困难，尤其是季节性雇工更为稀缺，加之雇佣的劳动力以妇女化、老龄化及半劳力化为主，在一定程度上也阻碍了现代化实用新型农林技术的采纳应用与普及推广。

### (四) 启示

（1）优化资源要素配置，提升集约化经营水平　富盛源家庭农场通过林地连片流转不断壮大经营规模，并通过提升现代化装备水平有效降低生产成本，不断强化的产业基地建设

也为优化资源要素配置创造了基础条件，有力推动富盛源家庭农场逐步走向规模化经营、集约化发展，有效高了综合生产效率。

（2）挖掘林地资源综合开发潜力，努力培育新经济增长点　富盛源家庭林场充分挖掘林地资源及其空间的综合开发潜力，适时利用林下空地间作经济作物，充分利用立体空间资源发展畜禽养殖，有效避免了单一涉林产品生产周期性的限制，努力培育新的经济增长点和拓展增收渠道，提升综合经营效益。

（3）大力发展林业循环经济，提高资源综合利用效率　富盛源家庭林场通过林业循环经济产业链条延展，将种植技术和养殖技术有机结合，以此将产业内部各环节的物质循环利用，进而将污染负效益转变为资源正效益，还能对林地资源及空间进行集约化利用，有效拓展涉林产业发展空间，并有助于建立稳定的林业生态系统，实现了经济效益、生态效益和社会效益的共赢。

## 二、山河花卉苗木专业合作社

### （一）发展概况

山河花卉苗木专业合作社位于隆德县温堡乡新庄村，成立于2009年，内设七个部门，现有社员122户，职工40名，是集果蔬花卉种植，造林苗木种植，森林景观开发利用，林下特色养殖，食用百合加工销售，休闲林业与生态旅游为一体的自治区级林下经济示范基地。

### （二）提升经营效率的主要做法

（1）积极发展多种经营，推进产加销一体化发展　山河花卉苗木专业合作社借助温堡乡和新庄乡丰富的劳动力和土地资源建成集鲜切花、草花、食用百合、观赏苗木、绿化苗木生产和加工销售为一体的温堡新庄花卉苗木生产基地；利用丰富的林地空间资源大力发展生态土鸡放养，年出栏量达8000～10000只，并与盘龙山庄合作打造出柴禾鸡、辣爆土鸡等生态品牌菜，年均5000只用于餐饮消费，其余通过真空包装、网上销售、游客带回等方式推向市场。同时，合作社通过增建蔬菜加工场、冷库、包装车间、运输车队、营销运营团队，不断开拓市场和销售渠道，逐步实现产加销一体化发展。

（2）稳定土地流转关系，带动农户共同发展　山河花卉苗木专业合作社通过大量流转林（农）地不断扩大生产规模，并鼓励部分农户以土地入股的方式加入合作社，以进一步稳定土地流转关系，先后累计流转农户林（农）地1563亩，并带动农户广泛参与到生产、加工、销售等产业链中，给予农户产前选种、施肥、病虫害防治、产中技术支持、林地管理、产后产品销售、运输等全程指导。另外，合作社还提供了稳定的就业岗位100多个，带动农户122户，其中建档立卡贫困户52户，从业人员年人均增收8600元。

（3）立足资源环境禀赋，积极发展生态休闲林业　合作社充分利用六盘山地区适宜食用百合及鲜切百合生长的优越自然环境，投资2360余万元，打造占地面积300亩的西部百合爱情谷，旅游旺季时，每天接待游客数百人；积极打造集"产、加、销"与"吃、住、行、游、购、娱"为一体的多功能休闲林业，先后建成生态餐厅、乡俗宾馆、果蔬采摘区、休闲垂钓区、景观长廊、观景游步道、林下生态养殖基地，给游客提供采摘、捕捞、耕耘、栽种、推磨等乡村劳作机会，使游客感受到最真实质朴的风俗文化。

### (三) 面临的主要困难

(1) 管理水平不高　合作社经营与管理人员受教育水平普遍不高，尤其缺乏懂技术会管理的专业型人才，导致合作社运行不太规范，虽然成立了相应的职能机构，但作用发挥不够，制约着合作社经营管理水平的提高。

(2) 产业链高端谋划不足　合作社虽然初步实现了产加销一体化发展，但对产业链高端化谋划不足、品牌建设意识也不强，导致优质产品附加值不高、市场影响力不够、竞争力不强。

### (四) 启示

(1) 积极开发林业多种功能，促动一二三产业融合发展　山河花卉苗木专业合作社借力资源环境禀赋优势，将林业资源与生态休闲、健康养生、农事体验等有机结合起来，打造地域特色明显的多元复合型林业新业态，有力促动一二三产业融合发展，努力拓展涉林产业发展空间，有效提升生态产品附加值。

(2) 多途径延伸产业链条，提升产品综合附加值　山河花卉苗木专业合作社瞄准市场消费需求，积极发展花卉苗木生产、生态土鸡放养、蔬菜生产加工等多种经营，并通过不断推进产加销、住行游一体化发展，提高产品综合附加值。

(3) 构建利益联结机制，有效发挥示范带动作用　山河花卉苗木专业合作社通过流转林地不断壮大生产经营规模，并与部分农户以土地入股的方式结成更紧密利益联合体，进一步提升土地集约化经营水平。同时，合作社通过对农户提供涉及全产业链的社会服务及就业岗位，与农户形成更广泛利益联结关系，有效降低农户经营风险和提高资源配置效率。

## 三、万升实业有限责任公司

### (一) 发展概况

宁夏万升实业有限责任公司成立于2009年1月，是一家以发展朝那鸡养殖、收购、加工、销售于一体的综合性企业。公司总部设在彭阳县南门工业园区，现有员工56人，季节性工人146人。2018年资产总额5388万元，实收资本5000万元，销售（营业）收入4820万元，净利润337万元。在彭阳县草庙乡曹川村建有年孵化60万羽苗鸡孵化场1座、扩繁场1座；在县城南门建有年加工能力为200万只朝那鸡的清真食品屠宰加工厂1座；2015年投资1600余万元建设了可容纳3万只朝那鸡的种鸡场1座。

### (二) 提升经营效率的主要做法

(1) 壮大经营规模，创新组织模式　公司流转集体林地3000多亩，发展林下朝那鸡10万只，不断壮大养殖规模，并于2011年底建成清真食品厂，年屠宰加工能力达200多万只，引进时产1000只朝那鸡生产线一条，并建有占地面积10000平方米的种鸡孵化场、6800平方米的育雏场、18600平方米的扩繁场，逐步推进集约化经营。同时，公司通过组织模式创新引领并形成了"企业+合作社+基地+农户"林业产业化联合体和"小群体、大规模"养殖模式，以订单收购方式先后和彭阳县千余户朝那鸡养殖大户签订购销合同，带动重点养殖户2000余户、普通养殖户10000余户，养殖户最高纯收入达40000元。

(2) 经营管理科学精准，强化技术研发与示范推广　公司始终坚持生产绿色无公害的生态产品，严格按照《朝那鸡饲养技术规程》发展林下朝那鸡养殖，实施了科学管理的"六统一"措施，即：统一鸡苗品种、统一孵化育雏、统一饲料供给、统一疫病防疫、统一技术培训、统一加工销售，有效提升了朝那鸡养殖水平和质量，实现了规模化、规范化、现代化养殖模式。此外，公司通过整合高等院校、科研院所等科研教育资源和强化校企合作，以科技进步和技术创新为先导，加大研发投入，并于2015年建成可容纳3万只朝那鸡的种鸡场1座，聘请专家改良朝那鸡品种，在保持原有肉质和独特风味的基础上，达到早出栏、多产肉。近几年先后为养殖合作社社员和农户提供集中培训100余次，参加学习培训的人员超过5000多人次。

(3) 强化"朝那"品牌建设，拓宽产品销售渠道　公司通过不断提升产品质量，强化"朝那"品牌建设力度，增强品牌效应，坚持出精品、创品牌，以品牌化助推产业转型升级，打造的绿色无公害朝那鸡品牌已通过农业农村部地理标志登记认证，成为宁夏名牌产品，"朝那"商标被评为第八届、第九届宁夏著名商标、"全国百佳农产品品牌"称号，提高了产品竞争力和市场影响力，进一步将朝那鸡这个区域特色品牌推向了全国，扩大了销售范围，产品远销北京、深圳、上海、西安、兰州等地，年产值4900万元，拓宽了销售渠道，提高了销售收益。

### (三) 面临的主要困难

(1) 生产经营成本高　公司的朝那鸡养殖基地与屠宰加工厂相距较远，位置较偏，基础设施建设相对滞后，导致生产经营成本高居不下。

(2) 产品精深加工不够　虽然公司通过强化基地建设与带动农户不断壮大经营规模，但对产业链延伸不够重视，导致价值链拓展不足、产品附加值不高，主要以朝那鸡粗简加工及销售为主，产品精深加工及资源综合效率不高。

### (四) 启示

(1) 构建联动协同共赢机制，培植壮大林业产业化联合体　万升实业有限责任公司实践中引领各类经营主体通过资源要素整合、产业链分工协作、组织模式创新、利益联动共赢等形成的"企业+合作社+基地+农户"林业产业化联合体经营模式，在提升产业链各主体经营效率的同时，通过产品订单收购、产业发展示范带动农户共同发展，提升产业发展整体收益。

(2) 注重产学研相结合，推进标准化生产与经营　万升实业有限责任公司非常重视产学研相结合，持续加强鸡种繁育与产品品质改善技术研发，并通过严格实施"六统一"科学管理措施，不断提升标准化生产与经营管理水平。同时，大力开展面向合作社社员及农户的技术培训和示范推广，切实保障产品质量。

(3) 强化品牌发展战略，提升涉林产品竞争力　万升实业有限责任公司坚持以市场为导向、以品牌价值为核心，高度重视特色拳头产品开发与商标注册及产品认证，强化生产质量管控与宣传推广，有效提升了品牌影响力与市场竞争力，拓宽了产品销售渠道，也提升了综合效益。

# 政策建议

## 一、合理开发利用林地资源，实现经济社会与生态效益共赢

西北地区是我国生态环境最脆弱的区域，拥有连片的大面积生态公益林，在国家生态安全战略中具有举足轻重之地位，其生态服务功能远大于经济功能，故政府及相关部门应在保证不破坏林地资源生态服务功能的前提下科学制定发展规划，把绿色发展理念贯穿到各项优惠林政策和产业扶持项目建设中，鼓励新型林业经营主体把生态环境保护与林业资源开发利用有效结合起来，通过合理流转与科学利用林地进一步壮大发展规模，注重提升自我发展能力和集约化经营水平，在合理的空间范围内发展经济林果产业或非木材类经济活动，并以新型林业经营主体为载体，围绕林业循环经济延伸产业链条，促进一二三产业融合发展，拓展生态价值链增值与涉林产业发展空间，在更大范围和更高层次上实现林业资源的多级循环利用，努力提高产品精深加工比重，进一步提高林地资源及立体空间的利用效率，有效提高涉林产品综合附加值。同时，也要鼓励和引导新型林业经营主体充分发挥示范带动和产业辐射作用，并通过产品订单收购、技术示范推广、要素合作入股、社会化服务、劳动力雇佣等方式与农户形成更广泛利益联结关系，促进小农户与现代林业发展有机衔接，全面提升区域林业资源综合利用效率。

## 二、稳定林地流转关系，壮大新型林业经营主体发展规模

林地流转是新型林业经营主体壮大经营规模的主要途径，既要保证各类新型林业经营主体能够通过林地流转适度扩大规模，又要防止盲目流转林地而造成资源浪费，这就需要秉持生态优先的发展思路，进一步规范林地流转，建立健全林地流转全程化配套政策与机制制度，即事前要高度重视林地利用规划，科学制定林地流转政策，加大相关法律与政策宣传力度，切实保证林地流转政策能够全面落实至各类新型林业经营主体及广大农户；事中要通过完善林地流转交易程序、规范林地流转合同、加强林地流转交易服务等进一步促进林地流转规范化运行；事后要通过健全合同管理机制、完善林地流转纠纷调处机制、建立健全相关问责机制等加强对林地流转的监督管理，以保障参与流转各方的合法权益；同时，要支持和鼓励新型林业经营主体采用土地入股、林地托管等方式，进一步稳定林地流转关系，推进新型林业经营主体逐步实现规模化经营、集约化发展。

## 三、强化现代林业科技与装备支撑，提升新型林业经营主体生产效率

现代化科技知识的普及应用是提升新型林业经营主体生产效率的关键，故政府及相关部门应鼓励和引导有条件的新型林业经营主体与科研院建立长期稳定合作关系，支持新型林业经营主体通过产学研用紧密合作，研发或引进实用新型技术，尤其要注重先进种养与精准管理、良种繁育与品种改良、标准化生产与加工储运、绿色生产与品质提升、资源节约与循环

利用等现代林业技术的集成研发与推广应用，不断增加产品附加值，提高经济效益。还有，现代化装备对提高新型林业经营主体经营效率的作用显著，政府及相关部门应进一步加大对新型林业经营主体购置林机具的补贴支持力度，引导新型林业经营主体因地制宜购置现代化林业机械与装备，增强林机具更新换代的意识，提高林业机械应用水平，有效降低林业生产成本，提升综合经营效率。

## 四、挖掘林地资源综合开发潜力，拓展新型林业经营主体发展空间

丰富多彩的森林资源、特色各异的林果产业与底蕴深厚的多民族文化传承为西北地区林地资源综合开发利用奠定了坚实的基础和创造了良好的条件，林下经济发展与林业多功能化开发前景广阔。为此，政府及相关部门应积极支持和引导新型林业经营主体充分挖掘林地资源及其空间的综合开发利用潜力，通过涉林产业链条延伸拓展多种经营领域，积极探索兼顾经济、社会与生态效益的林下特色种种植与畜禽养殖，努力培育新的涉林产业经济增长点。同时，选择经济发展基础好、交通条件便利、文化底蕴深厚、市场需求潜力较大的特色林果主要产区，支持新型林业经营主体通过现代化林业技术集成与示范、系列化优质产品研发与展示、林业多功能化开发与利用等途径拓展涉林产业链条，形成以地域特色明显的多元复合型林业经济新业态；支持新型林业经营主体瞄准大健康消费需求，打造集养生保健知识普及、涉林保健产品开发、生态健康养生体验等为一体的林业康养生态综合体；支持新型林业经营主体依托自然风貌和森林资源，探索融合绿色生活体验、趣味娱乐活动、时尚低碳运动等为一体的绿色休闲旅游模式。有力促动一二三产业融合发展，努力拓展新型林业经营主体发展空间，有效增加生态产品附加值，实现林业多重效益。

## 五、加大产品精深开发力度，增加新型林业经营主体产品附加价值

随着生活节奏的加快和人们生活质量的不断提升，多样性、便捷型、个性化消费诉求不断升级，尤其在食品安全问题频发和健康消费观念与日俱增的背景下，健康型系列化涉林产业精深加工品必将成为市场刚需并逐步融入人们的日常生活中，发展前景广阔、增值空间巨大。为此，需要进一步加大对新型林业经营主体开发产品的政策扶持力度，深入挖掘涉林产品的绿色保健价值，加大系列化产品精深开发力度，有效拓展价值链增值空间。首先，要支持引导新型林业经营主体建设标准化生产与加工基地，不断提升标准化生产管理水平，健全产品质量安全标准体系，强化涉林产品加工、包装、仓储等环节的质量安全准体系建设，对产品质量标准、安全标准、卫生标准等多项指标进行严格规定与检测，从源头保障产品质量安全。其次，要大力扶持新型林业经营主体通过多渠道整合资源与深化政产学研用合作，提升产品开发与创新能力，并通过产品核心功能和消费价值链的有机整合，加快绿色健康系列化产品的精深开发，全面提升涉林产品附加值，破解产业价值链中低端困扰。

## 六、培植壮大林业产业化联合体,提高涉林产业综合发展效益

各类新型林业经营主体联合发展是提高涉林产业整体发展效益、促进小农户与现代林业发展有机衔接的重要途径。故政府及相关部门应进一步加大对林业产业化龙头企业和涉林产业链关键环节的扶持力度,推动各类新型林业经营主体打破地域和产业类型的限制,通过产业链上下游交融、专业化分工协作形成林业产业化利益联合体,把涉林产业生产、加工、流通、社会化服务等不同环节有机串接起来,并通过强化监督管理和规范市场秩序,引导各类新型林业经营主体之间通过要素合作入股、资源互联共享、契约规范管理等方式构建更紧密利益合作关系与共赢机制,并通过惠林政策扶持、项目资金倾斜、分配机制优化、联户助农机制创新等,重视农户在产业链运行中的基础性地位,切实保障农户合理分享产业链增值收益,真正实现合作中的"利益共享、风险共担",全面提升涉林产业综合发展效益。

## 七、加强特色林业区域品牌建设,增强涉林产品市场竞争力

在全球竞争由产品竞争转向产业链竞争、行业竞争由产能竞争转向品质竞争的背景下,区域品牌建设是决定特色涉林产品市场竞争格局的关键因素,但区域品牌具有公共品属性,依赖单一主体很难实现其产品形象的全方位塑造,须相关利益主体广泛参与才能有效推动。首先,政府及相关部门应通过发展规划与政策引导调动各类新型林业经营参与区域品牌建设积极性、主动性,林业产业化龙头企业是新产品、新技术的领头羊,也是区域品牌的主力塑造者,更是区域品牌的形象代表,应引导其加强品牌资源整合、调整品牌战略目标,努力推进企业自有品牌与区域公用品牌实现交互式良性发展;其他各类林业经营主体作为利益相关者承担着共建、维护和推广区域公用品牌的重任,应通过构建共生联动机制充分发挥其协同共建作用,全方位推进区域品牌的建设。其次,还要充分发挥行业(产业)协会的协作共商机制,通过制定颁布行业规范和奖惩机制严格行业自律,推动各类林业新型经营主体积极采用地理标志产品专用标志和自有品牌相结合的方式,实现产地良性竞争、对外"抱团"突围。同时,还要借力主流媒体并融合新型媒体对区域品牌形象进行全方位塑造与宣传,并充分利用展会平台及文化、旅游、美食等节庆活动不断扩大区域品牌影响力,提升产品竞争力。

## 八、构建财税与金融协同支持体系,拓展新型林业经营主体融资渠道

资金短缺已经成为制约新型林业经营主体持续发展的最大瓶颈,而传统分散的财税与金融支持政策难以解决新型林业经营主体面临的发展资金匮乏、融资渠道不畅的双重困境,而构建财税与金融协同乏力的政策支持体系,在一定程度上会缓解新型林业经营主体面临的融资困境。首先,应进一步加大各级公共财政对新型林业经营主体可持续发展的扶持力度,并通过税收优惠、财政惠林补贴、贷款担保、项目倾斜等充分发挥财政资金的引导和撬动

作用，为新型林业经营主体壮大提供必要的资金保障，并在现有各类惠林政策补贴的基础上，进一步丰富补贴种类，并根据不同区域发展基础和地域条件差异，实行差异化补贴，适度给予经营效益好、技术应用新、产品品质高的新型林业经营主体奖励，以发挥榜样力量，带动发展热情；其次，要引导金融机构充分利用农村产权改革成果拓宽抵质押物范围，完善信用评价体系，开发更多符合涉林产业生产特点、适应新型林业经营主体的信贷产品，进一步优化抵押贷款程序和简化审批手续，增强新型林业经营主体融资能力，并充分应用大数据、互联网等现代信息技术积极发展金融科技，探索供应链金融、众筹平台融资、电商小额信贷、线上信贷、网络借贷等互联网融资模式，有效拓展新型林业经营主体融资渠道，适当为发展规范、经营良好的新型林业经营主体增加授信额度，尽快解决新型林业经营主体中长期投融需求；还有，要积极探索政策性涉林融资担保方式，引导信用担保机构积极拓展新型林业经营主体信贷担保业务，进一步优化担保程序和降低成本，撬动银行信贷和社会资金支持新型林业经营主体发展，并积极培育合作性质的农村信贷担保机构，形成多形式、多层次的农村信贷担保体系，保障各类信贷资源向新型林业经营主体流动的渠道畅通；另外，还要增加林业保险产品种类，扩大林业保险范围，提升新型林业经营主体对生产经营风险的认知程度，继续推行林业保险保费补贴制度，并逐步完善林业保险监督机制和配套保障措施，以便更好发挥林业保险的风险保障作用，进而提升新型林业经营主体应对风险能力。

## 九、加强新型职业农民培养，推进新型林业经营主体高质量发展

新型林业经营主体经营管理水平的提升不仅需要懂技术、善经营、会管理、有情怀且愿意长期从事林业经营的精英，更需要大量有知识、懂技术、高素质劳动力。一方面，应结合区域林业经济发展的现实需要，整合各类教育资源，按照点面结合的思路，进一步加强对新型林业经营主体负责人的全方位培训，使新型林业经营主体负责人不仅能提升专业技术、网络营销和经营管理水平，同时也能够提升职业综合素养，鼓励引导其自愿分享技术和经营管理经验，带动周边农户共同发展涉林产业，增强林业发展活力；另一方面，还要注重对广大农户广泛开展科技文化知识和实用技术的普及性培训，提高其技能水平和劳动效率，进一步改善劳动力供给结构，保障劳动力供给质量，全面推进新型林业经营主体科学经营与高质量发展。

## 十、加强林业综合服务与物流体系建设，激发新型林业经营主体发展活力

要充分发挥政策性引导与市场化驱动的双重作用，构建以林业综合服务机构为依托、市场化林业服务机构为骨干、其他社会力量为补充，公益性服务和经营性服务相结合、专项服务和综合服务相协调的新型林业社会化服务体系，为新型林业经营主体产前、产中、产后提供优质、高效、全面、配套的全产业链式社会化服务，激发新型林业经营主体发展活力。同时，也要依据特色涉林产品区域布局，升级改造或加快建设高标准产地批发市场和零售市

场，并通过不断推进移动互联网、大数据、云计算、物联网等现代信息技术与物流业的深度融合，打造集仓储物流、电子商务、供应链管理为一体的现代化物流配送中心，引导新型林业经营主体积极发展电子商务、直供直销、农超对接、连锁经营、代理配送等新型交易方式，不断拓展产品销售渠道。另外，还要鼓励支持各类新型林业经营主体通过投资建设产品储运加工等基础设施，面向广大农户提供全面高效的社会化服务，充分发挥其在联户增效、助农增收方面的作用。

# 江西 重庆 重点生态区位商品林赎买等改革试点调查

**2019 集体林权制度改革监测报告**

2003年，中共中央、国务院就在《关于加快林业发展的决定》中明确提出，要在林业改革发展中"探索直接收购各种社会主体营造的非国有公益林"。近年来，福建、贵州、江西、重庆等省（自治区、直辖市）相继开展了重点生态区位非国有商品林赎买等改革的试点并取得了一定成效。为及时跟踪了解各试点省区的工作进展、梳理剖析试点过程中遇到的困难问题，研究提出解决问题的对策途径，以期在全国全面推开非国有林赎买改革提供可复制可推广的模式经验，国家林业和草原局经济发展研究中心农村林业发展室牵头组织南京林业大学、西南林业大学、福建农林大学等6所高等院校的专家学者，从2019年7月上旬开始至8月下旬，先后赴江西遂川、铜鼓，重庆武隆等县区，采取座谈交流、深入实地现场考察，进村入户与涉及赎买农户面对面交流等方式，开展了对两个省市非国有商品林以赎买为主，包括租赁、协议封育、改造提升等方式转化为生态公益林改革试点的调查研究。

## 基本情况

江西省属于南方重点集体林区。全省林地面积1.61亿亩，占国土面积的比例高达64.2%，其中集体林地1.37亿亩，占全省林地的85%。活立木蓄积量4.95亿立方米，森林覆盖率63.1%；重庆市地处我国最大的西南天然林区，林地面积0.679亿亩，其中集体林地0.626亿亩，占全市林地面积的比例高达92.2%，活立木蓄积量2.2145亿立方米，森林覆盖率为48.3%。

为从制度上确保国家和区域生态安全，江西省从2005年开始陆续将包括鄱阳湖、南矶山等自然保护区，赣、抚、信、饶、修五河源头区及重要水域，赣东北、赣西北和赣南山地"一湖五河三屏"占全省林地面积38.28%的6100多万亩林地，按主导生态功能分别列入水源涵养、生物多样性维护和水土保持3个大类、16个片区的生态保护红线；重庆市以大巴山、大娄山、华蓥山、武陵山四大山系，长江、嘉陵江、乌江三大水系和自然保护区、森林公园、风景名胜区等各级各类保护地等"四屏三带多点"的基本格局，将分布在全市38个区县和两江新区、万盛经开区占全市国土面积24.82%、2.04万平方公里管控面积的林地划入生态红线的保护范围。

两个省市在实践中，对划入生态红线的林地严格按照禁止开发区域的要求进行管理，明确规定任何单位和个人未经批准同意，不得开展任何不符合主体功能定位的各类开发和采伐活动，有效地保护和发挥了森林资源在涵养水源、保持水土、防风固沙、调蓄洪水、保护生物多样性等方面的重要作用，但同时也因林木禁伐限伐政策的严格实行，加之全面禁止天然林商业性采伐的陆续实施，使纳入生态红线和全面禁伐范围内林权所有者的"处置权"和"收益权"受到严重限制，生态保护和农民收益之间的矛盾日渐突出。在新的形势下如何在确保国家和区域生态安全的基础上，最大限度地维护林权所有者利益，实施对林木禁伐给予合理补贴、探索实践非国有林赎买置换就成为各级政府面临的重大课题。

为此，江西省委政府于2017年在充分调查研究、广泛听取社会各方面特别是林权所有者意见的基础上，先后出台了《关于深入落实〈国家生态文明试验区（江西）实施方案〉的意见》《关于健全生态保护补偿机制的实施意见》和《关于改革创新林业生态建设体制机制加快推进国家生态文明试验区建设的意见》等一系列法规文件，明确提出了充分发挥政府主导作用，加快引入市场化机制，建立和完善重要生态区商品林长效管理机制，在国家级自然保护区、国家森林公园、五河及东江源头等生态功能重要区域开展禁伐补贴和非国有森林赎买（置换）、协议封育的工作目标。按照省级和县级财政1∶1的比例出资2400万元，先后在铜鼓、遂川、湾里等县（区）开展非国有商品林赎买等项的改革试点，截至目前，已累计完成改革试点任务67633.26亩。其中赎买6040.2亩，租赁21158.39亩，协议封育40434.67亩。

重庆市农业农村体制改革专项小组于2018年审议通过并发布了《重庆市开展非国有商品林赎买改革试点指导意见》并在武隆、石柱两个区县开展试点，到2018年底完成赎买改革任务3007亩。2019年，试点范围进一步扩大到长寿、綦江、彭水3个区县和北碚缙云山国家级自然保护区等重点生态区位，完成赎买任务2万亩。

## 主要做法

### 一、全面做好赎买等改革试点的基础工作

一是加强对试点工作的组织领导。两个省市的五个试点县区普遍成立了由政府主要领导任组长，发改委、林业、财政、农业、国土等相关部门，各赎买相关乡镇场主要负责人组成的赎买工作领导小组，领导小组下设多个工作组，分工负责赎买改革各个环节的具体工作，同时建立了严格的督查考核机制，定期不定期地对赎买改革发展进程进行督导检查，及时研究解决工作中遇到的问题和困难，确保赎买改革试点的有序推进。

二是深入开展调查研究，全面摸清赎买改革底数，准确把握民意诉求。两个省区的各试点区县在试点工作开始前所做的第一项工作就是对拟选试点的生态区位、林地资源、林相等级、林地林木租金价格等情况的全面摸底调查，同时深入基层走村入户广泛听取社会各方面特别是林农和租赁承包经营者的意见诉求，为制定赎买工作的相关政策奠定坚实的工作基础。

三是研究制定科学可行的试点改革实施方案。在深入调查研究的基础上，正式出台了包括赎买试点的工作原则、目标任务、改革方式、资金筹措、后续管理、保障措施等主要内容的试点工作实施方案，为赎买试点的全面推开提供了纲领性的指导文献。在此同时，本着既确保重点生态区位生态功能提升、维护林农和林权权利人利益又与当前的精准扶贫有机结合的原则确定了实施赎买改革的范围、对象以及赎买的指导价格。江西省遂川县为便于工作人员能迅速准确开展工作，还将试点区商品林二调区划小班图、宗地图、宗地林权数据等图面资料筛选整理下发到乡镇和林业工作站查阅使用。

四是广泛宣传发动。各试点县区充分利用网络、电视、广播、报刊等各种新闻媒体以及各种会议，全面开展了对重点生态区位非国有林赎买改革试点多层次，多形式的舆论宣传，力求广大群众和社会各界充分理解认识赎买改革的目的、意义和相关政策，动员林农和各类新型林业经营主体积极参与改革，推动改革试点的顺利实施。

## 二、积极稳妥推进试点改革

### (一) 坚持科学合理、最大限度维护林权人利益的原则

调查显示,两省五县区试点的一个共同特点是,始终坚持了赎买改革各个环节的工作必须建立在社会各方面特别是林农的一致认可和科学合理的基础之上。坚持了尊重群众、相信群众、依靠群众、积极稳妥推进的原则。

江西省遂川县将他们的做法归纳为"两自主三保障两确认"。所谓两自主,就是对拟赎买的非国有商品林,充分尊重林权权利人的意愿,由权利人自主申报赎买,自主选择改革方式;所谓三保障,一是政策宣传保障。县乡两级政府、林业主管部门和各行政村党政组织通过集中培训、召开村、组、农户代表会议,上门入户恳谈等多种方式层层宣传发动、交代政策,同时向农户散发宣传资料,确保赎买政策、方式、指导价格、时间要求,逐级贯彻到位不留边角。二是廉洁公开保障。县林业局将试点工作纳入项目廉政建设,实行双线管理,由局领导与分管股室、林业工作站负责人,股室、林业站负责人与参与赎买试点的工作人员层层开展廉洁服务约谈。然后由工作人员负责向每一位林权权利人告知试点改革的具体要求、实施程序和享有的权利,实行廉洁服务。同时对赎买的申请、审核、评估、公示、审批等环节严格把关,确保每一程序在阳光下进行,接受社会和权利人的监督。三是权利人利益的最大保障。在保障权利人利益方面,重点采取了两方面的措施。对拟赎买的林地既要核实分布面积,又要查清散生立木蓄积,然后按照林地面积和估值最高的立木蓄积作为权利人林地赎买价的计算基准。对权利人林地的所有调查评估费用由政府统一支付,最大限度地减轻了林农负担,确保了林农利益的最大化;所谓两个确认,一是赎买林地的调查评估结果必须由所有参加调查人员签字确认,方可进入公示程序,权利人若有异议允许申请免费核查一次;二是赎买协议签订后,由发包方、承包方、调查技术员和委托赎买方进行现场交割,并在交割地形图上签字确认。

江西省铜鼓县在坚持林农和经营主体完全自愿,公开公平公正的基础上,特别提出并遵循了非国有林赎买以自然保护区、国家森林公园等重点生态功能区林地优先;生态保护和林权人矛盾突出林地优先;个人所有、合作投资造林等非国有集体权属山林优先;贫困户山林优先为主要内容的"四个优先"原则。

### (二) 因地因林制宜,探索实践非国有林赎买等改革的多种实现形式

一是赎买。即对省级以上自然保护区内的非国有商品林,在调查评估的基础上,与林权所有者通过公开竞价或充分协商一致后进行赎买,按照双方约定的价格一次性予以支付。赎买完成后,林地林木所有权和使用权全部划归国有,经营管理由省级以上保护区负责。

二是协议封育。即对重要生态区的非国有商品天然林,经与林权所有者协商,签订封育保护协议。协议期内不得进行林内人工活动,林地、林木权属不变,参照天然林管护补助和公益林补偿标准每年给予经济补偿。

三是改造提升。对重要生态区的非国有商品人工林,经与林权所有者协商一致后签订改造提升协议,适当放宽皆伐单片面积限制,允许300亩以下小班进行改造提升。采伐后及时营造乡土阔叶树种或混交林,经验收合格后参照生态公益林管理,并给予每亩一定补助,林地、林木权属不变。

四是租赁。对自然保护区核心区、缓冲区和其他重点生态区天然林或人工林实行租赁，保留林木所有权，一次性或分年度支付林木租金。

### (三) 着力创新管护机制、科学管理经营

如何管理经营赎买等项改革后的非国有林地，是能否提升这些林地的生态效益，实现赎买改革目标的关键环节。五个试点县区在探索创新管理机制方面，主要做了以下两个方面的工作。

一是精准落实管护责任主体。重点生态区位的赎买改革后的林地直接交由国有林场或自然保护区管理。江西省遂川和铜鼓两个试点县直接将赎买林地分别交由南风面和官山自然保护区管理局管护经营；各乡镇场辖区范围内赎买租赁的山林，委托就近的生态公益型林场负责管护经营。江西省湾里区的湾里生态公益林场，铜鼓县的凤凰山、茶山等生态公益型林场分别承担了所在区县部分赎买林地的管护任务；对协议封育的山林，由各乡镇场参照公益林和天然林管护办法进行管理；县林业主管部门负责对赎买山林管理的监督指导。

二是着力加强对赎买林地的科学管理经营。各试点区县对针叶纯林，根据林分的生长状况，适时采用抚育间伐和林下补植等营林措施，逐步改造成针阔混交林或阔叶树为优势树种的林分，全力提升其生态功能和景观功能。鼓励在不影响生态功能的情况下发展休闲康养、度假旅游产业和林下经济，充分发挥其的经济和社会效益。

## 三、试点成效

### (一) 有效破解了林农利益和生态保护的矛盾，维护了林区社会的和谐稳定

两省市改革试点县区生态保护红线范围和重点生态区位受到采伐限制的非国有林，在实施赎买改革后得到应有补偿，既维护了林农合法权益，又促进了社会各类经营主体投资林业的积极性。江西省铜鼓县一片早已达到主伐年龄，年管护成本高达200多万元的人工林，被划入生态保护红线不能采伐，造成林权人的连年上访。实施赎买后，林权人获得了应有的投资回报，拖延数年的问题得到有效解决。遂川县按照蓄积量每立方米杉、松290元、阔叶树174元，毛竹每亩680元、封育每亩170元的价格，一次性支付林农商品林赎买款379.99万元。营盘圩乡桐古村的一户村民，祖孙三代种植的350多亩毛竹、杉木被划入保护区禁止采伐，引起家族许多人的强烈不满，赎买政策实施后，该户林农一次性获得赎买款30.3万元，家族代表在向政府表示由衷感激的同时，准备拿出部分赎买所得资金投入保护区外的山场，发展中药材等林下经营。

### (二) 加强了重点生态区的生态保护，促进了生态休闲康养旅游等产业的发展

五个试点县区，通过非国有商品林赎买等项改革，有效加强了自然保护区、森林公园、重点生态区位森林资源的保护管理，改善了江河源头、饮用水源保护地的水源涵养生态功能，改善提升了"三高三线"、重要旅游景区及城镇乡村周边山林的生态品位和景观功能，为发展森林旅游绿色休闲康养和秀美城乡建设奠定了坚实基础。江西省湾里区拟将赎买的553亩商品林打造成一个集森林养生、森林体验、户外拓展为一体的南昌新地标。铜鼓县将赎买凤凰山生态公益型林场的165亩山林直接纳入了县城生态休闲森林公园规划。茶山生态公益型林场更是全面启动了对首期赎买山林4A级景区和全国特色森林小镇的打造。

### （三）助推了精准扶贫和乡村振兴的深入发展

江西省遂川县将赎买试点选择在罗霄山贫困山区，以货币直接置换的方式，一次性支付林农近400万元的商品林赎买资金，涉及林农266户，其中有74户建档立卡贫困户，户均获利1.4万元；重庆市武隆区在市级深度贫困乡镇后坪乡开展赎买试点，以每亩1000元的价格赎买林地1005.2亩，涉及农户38户146人，其中贫困户9户30人，人均受益6885元；石柱县非国有商品林赎买面积2000亩，涉及贫困人口71人。通过森林赎买，人均增收超过5000元，成为助力精准扶贫的重要举措。与此同时，各试点县区为进一步盘活赎买林地资源，实现林地生态和经济效益的最大化，积极引导林农利用赎买资金和林下经济补贴项目，大力发展中药材等林下特色种养，实现绿色经济可持续增长。重庆市石柱县以"国有林场+村集体+赎买区林农"的合作方式，开展以林下养殖和林间民宿为主的产业开发。三方按5：3：2的股份份额合股联营并分配经营利润。首期联营10年，其中县国有林场以林地使用权和林木折价入股并负责经营；赎买区林农以50%的赎买资金入股，每年每亩保底分红11.75元，在此基础上再享受20%的经营利润，10年后不续签合同将全额返还入股资金；村集体以各级财政补助的项目资金入股分红，红利的60%作为继续发展资金、40%作为村集体经济组织成员二次分红；武隆区国有林场、村集体和林农合作经营协议明确规定，在经营无利润的情况下，仍按当年生态效益补偿标准保底分红给林农，有效维护了赎买林地农户的利益。

### （四）完善了生态补偿机制

重点生态区位商品林赎买等项改革探索出了一条实现林木生态效益补偿的有效途径，是对现阶段森林生态效益补偿和天然林管护补贴的有益补充。同时在改革过程中对重点生态区位不同立地条件商品林计价的科学测算，为今后制订生态效益补偿和非国有生态林商品林赎买标准的制定，生态补偿机制的进一步完善提供了重要的参考依据。

# 问题与建议

## 一、存在的问题

### （一）赎买资金缺乏

从2003年中共中央、国务院《关于加快林业发展的决定》明确提出探索直接收购各种社会主体营造的非国有公益林到现在，已经过去了整整15年时间，非国有林赎买在全国迟迟没有推开，目前只有少数省区着手试点。其主要原因是难以筹措赎买所需要的巨额资金。据江西省遂川县和铜鼓县初步测算，两县重点生态区拟列入赎买的非国有商品林31万亩，按照目前的赎买价格，大约需要支出4个亿的资金，赎买后的林地转入委托管理后，林地的管护、质量提升也需要大量的资金投入，筹足在这部分资金存在相当大的困难。

### （二）利益矛盾突出

调研显示，5个试点县区在赎买改革的过程中，普遍存在部分林权权利人赎买价格要求过高，致使改革迟迟不能推进的问题。

### （三）操作技术障碍

一是已发生流转的部分人工林流转期限与赎买期限不一致，原流转双方存在利益分配问题。

二是多数赎买林地为林权证登记宗地的部分面积，与小班的区划范围不一致，导致出现经营权流转必须拆分宗地的问题，在不动产登记尚未启动，目前全国还没有一个统一的转发流转鉴证书操作办法的情况下，赎买手续难以完善。

三是集体林权制度改革后出现的林地碎片化，导致难以实现非国有林的连片赎买。

四是赎买目前仍由村组集体管理的山林，林农意见分歧且反复不一，增加了赎买改革的难度。

## 二、对策建议

### （一）巩固提升赎买试点成果经验

切实加大对试点省区的支持力度，进一步扩大试点范围，加强对试点县区赎买工作的跟踪指导和经验总结，及时解决试点推进过程中出现的各种矛盾问题，着力完善相关制度和工作措施，不断为全国范围的非国有林赎买改革提供更多的可复制、可推广的先进经验。

### （二）在全国范围全面推开非国有商品林赎买等改革

在调查研究的基础上，尽快在南方集体林区然后在除港澳台之外的全国32个省（自治区、直辖市）全面启动非国有林以赎买为主的各项改革。

### （三）科学制定赎买改革实施方案

以县区为单位，从既确保国家和区域生态安全，又充分考虑地方社会经济发展水平以及由此决定的资金筹措能力，本着既积极推进又量力而行的原则，做出本辖区包括赎买改革实现目标、改革对象范围、操作模式选择、赎买价格确定原则、改革时间进度安排、赎买林地保护管理等内容的实施方案并严格组织实施。

### （四）着力排除工作障碍

加强对非国有林赎买改革相关政策法规和规范流程的顶层设计，尽快出台全国统一的操作规范，切实解决赎买过程中存在的各种技术和工作障碍。

### （五）切实加大宣传工作力度

一是利用各种新闻媒体和宣传工具，加强对实施非国有商品林赎买改革目的意义和相关政策的宣传，着力扩大赎买工作的社会影响；二是深入做好林农和社会各类投资主体积极参与赎买，科学合理提出赎买要求的思想工作，确保赎买工作的健康、稳定和可持续发展。

### （六）多渠道筹集赎买资金

#### 1. 财政支持

一是中央和省市县四级财政按照3：3：2：2的份额每年将试点改革所需资金列入预算支出；二是进一步加大中央和地方财政对重点生态区位的转移支付力度；三是将非国有林赎买贷款列入中央和地方财政林业贷款贴息项目予以支持。

#### 2. 金融扶持

一是优先发放对赎买非国有林的林权抵押贷款；二是将赎买所需贷款纳入国家储备林国开银行政策性贷款支持范围；三是对赎买资金贷款实行精准扶贫专项贷款利率。

#### 3. 项目助力

中央和地方各级财政实施的造林补贴、林木良种补贴、森林抚育补贴、生态公益林补贴、林业产业林下经济、林区道路等各种补贴以及国家和地方政府各项林业重点工程要向实施非国有林赎买的地区和单位适度倾斜。

### 4. 合作经营

借鉴江西重庆试点县区的做法，有效利用赎买林地与社会各类经营主体合作发展林下种养殖、森林旅游、绿色康养等林下经济，为赎买林地的管理保护、效益提升、后续开发提供资金保障。

### 5. 社会募集

发动社会各界募集资金支持非国有商品林赎买等项改革。

### 6. 发展林业碳汇交易

将重点生态区位集中连片赎买林地优先纳入全国碳汇交易体系的配额管理，推动更多林业碳汇减排量进入赎买林地交易。

### 7. 完善森林生态效益补偿

全面落实国务院办公厅2016年颁发的《关于健全生态补偿机制的意见》，在目前开展试点的基础上，积极推进受益地区与生态保护地区，流域上游与下游通过资金补偿、对口协作、转移支付、人才培训、共建园区等方式建立横向补偿关系，切实加大对非国有林赎买实施地区赎买资金筹措和林地管护经营的扶持力度。

# 集体林权制度改革背景下经营主体对林权抵押信贷需求研究

*2019*
集体林权制度改革监测报告

# 研究背景

## 一、引言

"农业缺投入、农村缺资金、农民难融资"等农村金融发展问题始终是国内外理论界和实践界关注的重要话题，金融市场体系不完善、金融服务效率低下、金融资源错配、供求矛盾严重等问题正在成为农村经济发展的桎梏，林农作为农村生产的投资主体面临着"融资难、抵押难、担保难"问题，融资需求始终得不到满足，收入和福利水平改善受到制约。为切实解决林农普遍面临的贷款抵押物不足，破除农村金融困境，2008年中共中央、国务院全面启动了集体林权制度改革，明晰了林地经营者的承包经营权和林木所有权，放活林地经营权，落实处置权，并在此制度基础上放宽了对林地流转的限制，突破相关法律对林地抵押范围的限定，赋予林木所有权、使用权和林地使用权的抵押功能。林权抵押贷款既拓宽了农户提高信贷资金可获得性的渠道，也缓解了由于抵押品导致的信贷约束和信贷配给现象，有助于推动农村经济中的转型与升级。

随着林权抵押为特征的集体林权制度改革的不断推进和深化，国内学者围绕林权抵押贷款的信贷需求及其影响因素开展了深入的研究，但研究结论呈现出较大的差异。在农户是否具有林权抵押需求方面，部分学者认为农户的信贷融资需求依旧旺盛，生产资金投入存在较大缺口；但也有部分学者通过调研发现，大多数农户缺乏林权抵押贷款意愿，信贷需求不足。

为什么对同一问题的研究结论会存在差异？通过对相关文献的梳理，主要原因可能有以下方面：一是调研时间存在滞后性。现有林权抵押信贷需求研究多集中于林权抵押政策实施之初，最近五年的相关文献并不常见。在经历了多年的集体林权制度改革、农村普惠金融改革之后，林农的融资需求可能已经发生了变化。二是已有研究存在没有充分体现出林农的异质性。近年来，国家对林地流转政策的限制不断放宽，林业专业大户、家庭林场、林业专业合作社等新型林业经营主体随之兴起。新型林业经营主体在人力资本、社会资本、经济资本等家庭资源禀赋较传统型农户更强，通过大规模的林地流转，对林地的长期投入量更高，必然导致两类群体对林权抵押信贷需求存在差异，若不加以分类，可能会造成对农户"是否存在林权抵押信贷需求"的误判，进而低估了"贷款难"问题的严重性，无法对信贷约束程度做出科学评价。开展异质性农户信贷需求研究有助于把握农户金融需求新变化，对探索差异化林权抵押信贷政策，寻求金融服务"三农"的最佳路径和最优模式具有实践参考价值。

目前已有少量文献开始关注异质性农户的融资需求以及群体间的影响因素差异。其分类的角度基于以下三方面：一是地区差异。发达地区农村土地承包经营权抵押贷款需求受兼业程度的影响，而欠发达地区相应的贷款需求则受农地面积的影响。二是政策模式差异。不同的农地产权抵押信贷政策对农户信贷需求的影响差异，有调研发现，"自下而上"信贷模式下的农户信贷需求比"自上而下"要更为强烈。三是农户个体差异。研究结果表明收入水平、农地经营规模、金融知识等方面的差异均对农地产权抵押信贷需求产生不同的影响。上述文献集中于农地产权抵押信贷需求，关于异质性农户的林权抵押信贷需求尚显缺乏，丰富这一领域的相关研究，将有助于揭示不同类型林农存在的林权抵押信贷约束，为进一步深化林权抵押政策改革提供理论依据。

本研究以"理性小农"理论为基础，深入阐释农户林权抵押信贷需求的决策行为影响机理。通过对辽宁省本溪县、桓仁县、新宾县、清原县及北票市460个林农开展调研，分析家庭资源禀赋对林权抵押信贷需求影响的研究。其主要内容分为两部分：首先，采用双栏模型验证家庭资源禀赋对农户林权抵押信贷需求的影响，同时考察集体林权制度改革政策对家庭资源禀赋—林权抵押信贷需求存在的调节效应；其次，采用Oaxaca-Blinder分解方法，分析异质性农户家庭资源禀赋所带来的农户信贷需求差异。本研究将有助于探究异质农户的林权抵押信贷需求新特征，预期林权抵押信贷政策可能存在的偏差，对下一阶段农村金融的供给侧结构性改革具有重要的参考意义。

## 二、研究现状

国内外学者对土地产权抵押信贷需求分类方法基本达成了共识，大部分文献将农户土地产权抵押信贷需求分为实际需求和潜在需求两类。实际需求是指农户从国有银行、农村商业银行、村镇银行、贷款公司等金融机构申请到或申请过土地产权抵押信贷；潜在需求是指农户存在土地产权抵押信贷资金需求，但未申请过土地产权抵押信贷。然而上述分类方法的研究多应用于农地产权抵押信贷需求研究，一般而言，林权抵押信贷需求的多数研究中，被划分为"需要林权抵押信贷"和"不需要林权抵押信贷"两类。

关于农户林地产权信贷需求的影响因素研究主要分为两类：一类是对多种因素林权抵押信贷需求的影响因素分析，如户主特征、家庭特征、社会经济特征等变量。秦涛和柴哲涛（2015）的调研结果表明，林权抵押信贷需求受农户对林权抵押信贷政策的了解程度、经营情况、信贷产品特征等因素的影响。胡宇轩等（2017）以辽宁、福建、江西等7省的农户样本数据为基础，认为年龄、林地面积、林业补贴、林业贴息贷款等因素与农户的林权抵押贷款需求意愿存在正向关系。孔凡斌等（2018）扩大了调研区域范围，覆盖东北、东部、中部、西南地区，实地调查发现社会关系也是影响农户林权抵押信贷需求的重要因素；另一类是对林权抵押信贷需求具有重要影响的单一因素或多个因素进行深入探讨。翁夏燕等（2016）利用浙江省建德和开化两县调研数据得出结论，林业补贴并未提高农户的林权抵押信贷参与意愿；叶宝治等（2017）从社会网络、社会信任和经济组织参与三个维度综合考察社会资本对农户林权抵押信贷需求的影响，认为社会网络与农户林权抵押信贷需求存在负相关关系，而社会信任与经济组则对林权抵押信贷需求存在正向影响。

从以上文献梳理中发现，农户林权抵押信贷需求研究尚存以下几方面可突破之处：一是研究对象多为农户，较少注意到同一类别的经营主体所存在的异质性问题，生产要素资源禀赋、技术选择等要素差异均会造成林权抵押信贷需求影响因素的不同。精细化程度不足导致农户的林权抵押信贷需求的动因尚未全面反映。二是农户的林权抵押信贷需求行为是一个相对复杂的决策过程，涉及"是否存在林权抵押信贷需求"和"农户林权抵押信贷需求规模"，两者联系紧密，且存在先后顺序，而已有文献并未清晰区分农户决策的两个关系。三是对林权抵押信贷影响因素的选取上，多数研究文献仅引入了户主特征变量、家庭特征变量，未从家庭资源禀赋角度综合考虑影响林权抵押信贷需求的因素。

本研究的主要贡献体现如下：一是采用双栏模型，将农户林权抵押信贷需求决策行为划分为"是否存在林权抵押信贷需求"与"农户林权抵押信贷需求规模"两个阶段，分析家庭资源禀赋对异质林权抵押信贷需求的影响；二是根据调研地区林地经营的实际情况，将农户划分为传统型农户和新型林业经营主体，从家庭资源禀赋角度出发研究异质性农户的林权抵押信贷的影响因素；三是剖析了集体林权制度改革对家庭资源禀赋影响机制的调节效应，以期反映政策环境对林权抵押信贷需求决策行为的影响。

# 理论研究

## 一、理论框架

"理性小农"经济行为理论认为，农户会根据自身的家庭资源禀赋状况、市场环境变化，合理安排生产和投资，追求效用的最大化。而抵押品的核心功能是通过降低农户与金融机构双方的信息不对称，减少贷款后的违约成本，解决生产投资中的资金融通问题。农户是否选择林权抵押信贷，首先要考虑借贷资金能否实现效用最大化，即借贷后的期望投资效用与融资成本差值的最大化。本文综合借鉴刘西川（2009）的研究成果，设置理论模型如下：

$$U(L, C) = U_1(L) - U_2(C) \tag{5-1}$$

式中：$U_1(L)$ 代表农户利用林权抵押信贷资金所获得的期望效用；$U_2(C)$ 代表农户的林权抵押预期借贷成本。假定在一个信息对称、交易成本为零的理想世界里，农户能够从金融机构获得所需的信贷额，且所有金融机构的贷款利率相同，则 $U_2(C)$ 为常数项，因此期望效用的最大值可转变为：

$$U^*(L, C) = \text{Max } U_1(L) \tag{5-2}$$

基于上述的理性小农经济行为理论，农户的投资领域、投资规模等投资经济行为选择取决于自身的家庭资源禀赋和外部市场环境变化。由此可以得出借贷资金的期望效用函数为：

$$U_1(L) = P_1 \times U_1(L, r, o) + (1 - P_1) \times U_0(r, o) \tag{5-3}$$

式中：$r$ 代表家庭资源禀赋；$o$ 代表外部市场环境，第一项代表申请林权抵押信贷的期望效用，第二项代表未申请林权抵押信贷的期望效用。农户发生林权抵押信贷需求，必须要满足：

$$\text{Max } [U_1(L, r, o)] > U_0(r, o) \tag{5-4}$$

以上推导可知，农户的林权抵押信贷需求行为受家庭资源禀赋和市场环境的影响。

## 二、研究假设

根据上述的理性小农理论框架，农户家庭资源禀赋在很大程度上决定了家庭的生产能力和消费能力，进而对"是否存在林权抵押信贷需求"与"农户林权抵押信贷需求规模"等需求决策行为产生影响。传统农户与新型林业经营主体的家庭资源禀赋存在较大的差异必然会造成林权抵押的信贷需求的不同。因此提出以下研究假设：

假设1：家庭资源禀赋对农户的林权抵押信贷需求决策行为产生影响。

农户家庭资源禀赋是指整个家庭所拥有的全部资源和能力（孔祥智，2014），包括人力资本禀赋、社会资本禀赋、经济资本禀赋与自然资本禀赋等方面（张郁等，2015），本文将围绕这四个角度探索异质性农户家庭资源禀赋要素对林权抵押信贷需求影响：

（1）人力资本禀赋变量 人力资本禀赋是指家庭成员年龄、教育经历、拥有的金融知识、家庭劳动力占人口的比例等。一般来讲，拥有较高人力资本水平的农户，更容易对投资领域做出明智的判断，并做出有效的决策。

（2）社会资本禀赋变量 社会资本在学术界并没有形成统一的定义，因研究对象的不同而存在内容差异。本文根据调研的实际情况以及农村金融学者对社会资本的界定，将家庭"是否有公务员""人情来往"费用等作为社会资本的替代变量。社会资本对于不同类型农户的影响存在差异。新型林业经营主体的社会资本禀赋愈强，越容易获得林权抵押信贷资金，对其信贷需求也显得更为强烈；而传统农户社会资本禀赋越多，则更倾向于借助家庭的社圈层解决资金融通问题。

（3）经济资本禀赋变量 经济资本是反映家庭福利状况最直接的表现。经济资本禀赋越充裕，抗风险的能力较强，投资领域更宽，受到的信贷约束相对较弱，对信贷的需求则随之增强。本文采用农户家庭收入、兼业类型变量、固定生产资产价值测量。

（4）林地资源禀赋变量 本文将林地经营面积作为林业资源禀赋的主要指标，有研究成果显示，林地面积多少对商品林的资本投入具有促进作用。同时林业生产收益回报期较长，生产经营资金的回流效率较低，因此林地资源禀赋可能对林权抵押信贷需求产生正向的行为导向作用。

在社会主义市场经济条件下，如何为农户提供足够的市场要素，促使农户合理配置这些资源，并被焕发出类似于企业家的精神，则显得尤为重要。集体林权制度改革将农户林地、林木的权力地位与权力内容以法律的形式得到确认，林业生产要素流动得到盘活，市场环境发生了变化，经营主体必然会产生差异化的资金需求，进入资本市场的林地林木产权抵押物，为林业生产投资提供了重要的资金来源。根据上述分析，得到理论研究框架图5-1，并提出研究假设2。

假设2：集体林权制度改革对林权抵押信贷需求具有正向的外部影响。

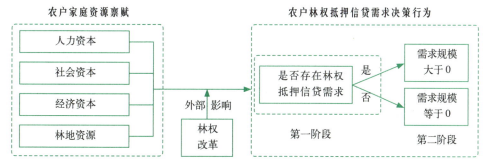

图 5-1 农户林权抵押信贷需求决策行为的影响

# 实证研究

## 一、数据来源与样本分析

### （一）数据来源

本文数据来自课题组2019年10月–2020年1月对辽宁省本溪县、桓仁县、新宾县、清原县、北票市五地开展的关于"集体林区林权抵押政策模式、信贷约束与效果评价"的调研，主要内容包括农户家庭特征、农户土地情况、家庭经济情况和借贷情况等。共发放500份调研问卷，收回有效问卷460份，有样本效率为92%。根据国家林业局2017年出台的《关于加快培育新型林业经营主体的指导意见》，将家庭林场、林业专业大户、林业专业合作社划分为新型林业经营主体，将林地经营规模较小的个体小农户划分为传统型农户。在460份有效问卷中，新型林业经营主体107户，传统型农户共计353户。

## （二）异质性农户林权抵押贷款信贷需求特征

基于学术界公认的信贷需求分类方法，本文将异性农户的林权抵押信贷需求应划分为：不存在信贷需求、有效信贷需求与潜在信贷需求。借鉴刘西川学者（2014）的参考意愿调查法，首先以"是否申请过林权抵押贷款"作为农户的信贷决策出发点，申请过的农户直接被视为存在林权抵押信贷需求，即有效信贷需求；其次在没有申请过林权抵押信贷的农户中进一步询问"是否需要林权抵押贷款"，回答"不需要"的视为没有信贷需求，回答"需要"并申请过的视为有效信贷需求，回答"需要"但没有申请的视为潜在信贷需求。同时对于回答"有需求"的农户，进一步调研"希望获得多少林权抵押信贷资金"，从而获得林权抵押信贷需求规模。如图5-2所示。

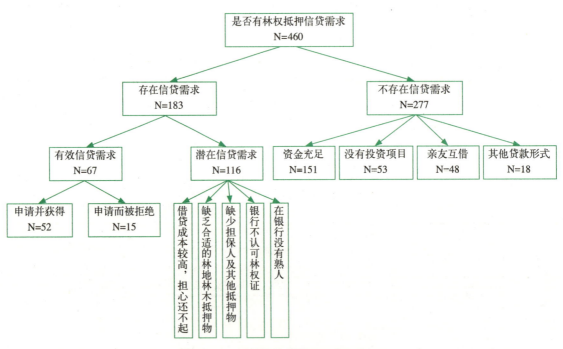

**图 5-2　农户林权抵押信贷需求判别机制**

从需求类型看，调研农户中，存在林权抵押信贷需求所占比例为39.78%，其中存在有效林权抵押信贷需求的农户占比为14.57%，存在潜在林权抵押信贷需求的农户占比为26.74%。从异质性农户视角看，新型林业经营主体信贷需求更为强烈。其林权抵押信贷需求的发生率较传统型农户高出1.05倍，有效信贷需求的发生率较传统型农户高出6.23倍，然而两类群体在潜在信贷需求的发生率差异并不大，仅差1.76%。由表5-1的统计结果可以得出，两类异质性农户对林权抵押信贷的需求存在差异，新型林业经营主体申请林权抵押信贷的比例更高，其林权抵押信贷需求更为强烈。

表 5-1 异质性农户林权抵押需求情况

| 项目指标 | 总体 | 新型林业经营主体 | 传统型农户 | 两类群体的差值 |
|---|---|---|---|---|
| 不存在信贷需求（户数） | 277 | 35 | 242 | -207 |
| 不存在信贷需求的发生率（%） | 60.22 | 32.71 | 68.56 | -35.85 |
| 存在信贷需求（户数） | 183 | 72 | 111 | -39 |
| 存在信贷需求的发生率（%） | 39.78 | 67.29 | 31.44 | 35.85 |
| 有效信贷需求（户数） | 67 | 46 | 21 | 25 |
| 有效信贷需求的发生率（%） | 14.57 | 42.99 | 5.95 | 37.04 |
| 潜在信贷需求（户数） | 116 | 26 | 90 | -64 |
| 潜在信贷需求的发生率（%） | 25.22 | 24.3 | 25.50 | -1.20 |

从林权抵押信贷需求规模看，新型林业经营主体的平均需求规模为197.2万元，远高于传统型农户的7.04万元，两组通过W-T检验，差异较为显著。从分布情况看（表5-2），新型林业经营主体信贷需求规模超过45万元的农户比例为48.6%，存在林权抵押信贷需求的农户比例随着信贷需求规模的增加而提升；而传统型农户信贷需求规模5万元以内的农户比例最高，其次分别为5.1万～15万元、15.1万～30万元。

表 5-2 异质性农户林权抵押信贷需求规模分布情况  %

| 信贷需求规模 | 总体 | 新型林业经营主体 | 传统型农户 | 两类群体的差值 |
|---|---|---|---|---|
| 0.1万～5万元 | 9.56 | 2.8 | 11.61 | -8.81 |
| 5.1万～15万元 | 7.83 | 4.68 | 8.78 | -4.1 |
| 15.1万～30万元 | 6.3 | 5.6 | 6.52 | -0.92 |
| 30.1万～45万元 | 1.52 | 5.61 | 0.28 | 5.33 |
| 45.1万～100万元 | 6.53 | 18.69 | 2.83 | 15.86 |
| ≥100.1万元 | 8.04 | 29.91 | 1.42 | 28.49 |
| 总计（%） | 39.78 | 67.29 | 31.44 | 35.85 |

### （三）家庭资源禀赋变量、集体林权制度改革变量描述性统计

基于前文的研究理论框架分析，本研究以农户林权抵押信贷需求规模为因变量，自变量主要包括人力资本禀赋、社会资本禀赋、经济资本禀赋、自然资本禀赋四类在内的家庭资源禀赋，集体林权制度改革变量主要为"集体林权制度改革对家庭是否存在影响"。从表5-3显示结果可以得到，除劳动力占比、固定生产总值以外，其余变量均通过了T检验，两组农户家庭资源禀赋变量、"林改政策对家庭影响"变量的差异较为显著。

表 5-3 其他变量描述性统计

| 变量类别 | 变量名称 | 变量赋值 | 总体样本 || 新型林业经营主体 || 传统型农户 || W-M检验 |
|---|---|---|---|---|---|---|---|---|---|
| | | | 均值 | 标准差 | 均值 | 标准差 | 均值 | 标准差 | |
| 人力资本 | 受访者年龄 | 受访者的年龄（岁） | 54.12 | 10.22 | 51.85 | 8.15 | 54.80 | 10.68 | -2.98*** |
| | 劳动力占比 | 家庭劳动力人口/家庭总人口（%） | 0.67 | 0.30 | 0.71 | 0.27 | 0.67 | 0.31 | 0.86 |
| | 教育年限 | 受访者的教育年限（年） | 8.54 | 3.28 | 10.42 | 3.48 | 7.97 | 3.00 | 6.36*** |

(续)

| 变量类别 | 变量名称 | 变量赋值 | 总体样本 均值 | 总体样本 标准差 | 新型林业经营主体 均值 | 新型林业经营主体 标准差 | 传统型农户 均值 | 传统型农户 标准差 | W-M检验 |
|---|---|---|---|---|---|---|---|---|---|
| 社会资本 | 人情来往费用 | 2019年人情来往费用（万元） | 1.88 | 2.29 | 3.77 | 3.71 | 1.30 | 1.12 | 7.64*** |
| | 是否有亲友在政府工作 | 否=0；是=1 | 0.18 | 0.39 | 0.32 | 0.47 | 0.14 | 0.35 | 4.13*** |
| 经济资本 | 家庭年生产纯收入 | 2019年家庭年生产纯收入（万元） | 29.15 | 298.18 | 102.90 | 614.49 | 6.79 | 8.48 | 10.44*** |
| | 家庭经营类型 | 纯非农业型：否=0；是=1 | 0.23 | 0.42 | 0.18 | 0.38 | 0.24 | 0.43 | −1.43 |
| | | 农业为主兼其他经营：否=0；是=1 | 0.18 | 0.38 | 0.21 | 0.41 | 0.17 | 0.38 | 0.84 |
| | | 非农业为主兼其他经营：否=0；是=1 | 0.36 | 0.48 | 0.29 | 0.46 | 0.39 | 0.49 | −1.80* |
| | | 非农业：否=0；是=1 | 0.23 | 0.42 | 0.33 | 0.47 | 0.20 | 0.40 | 2.71*** |
| | 固定生产资产价值 | 2019年生产性固定资产（万元） | 0.45 | 0.87 | 0.70 | 1.14 | 0.37 | 0.76 | 0.69 |
| 自然资本禀赋 | 林地经营面积 | 2019年林地经营面积（亩） | 847.78 | 3041.16 | 3390.52 | 5614.79 | 77.03 | 72.79 | 15.65*** |
| 林改政策 | 林改政策对家庭是否有影响 | 完全没有影响=1；有一点好处=2；好处很大=3 | 2.08 | 0.77 | 2.43 | 0.77 | 1.9 | 0.75 | −5.43*** |

注：① *、**、*** 分别表示在10%、5%、1%的水平上显著；②本文参照经营类型主要参照黄惠春（2015）农户兼业情况的划分方法，将农户的经营类型归为四类：非农业收入占家庭总收入10%以下的为纯农业户；非农业收入占家庭总收入10%～50%的为农业为主兼其他经营，即一兼户；非农业收入占家庭总收入50%～90%的为非农业为主兼其他经营，即二兼户；非农业收入占家庭总收入90%以上的为纯非农业户。

## 二、模型构建

### （一）双栏模型

关于林权抵押信贷需求的研究，通常采用二元选择模型，然而由上述样本分析可以得出，农户在"是否存在林权抵押信贷需求"的选择上，存在大量零值的现象，可能会存在不服从标准正态分布以及异方差的问题，因此该模型不适用于本研究(陈强，2014)。为了能够体现出"是否存在林权抵押信贷需求""林权抵押信贷需求额"两个阶段的紧密性，并克服上述存在的问题，本文选用了Cragg提出的双栏模型。首选考虑样本农户"是否存在林权抵押信贷需求"，建立意愿方程如下：

$$Prob\,[y_i = 0 \mid X_{1i}] = 1 - \varphi\,(a\,X_{1i}) \tag{5-5}$$

$$Prob\,[y_i > 0 \mid X_{1i}] = \varphi\,(a\,X_{1i}) \tag{5-6}$$

式（5-5）表示农户林权抵押信贷需求为0，式（5-6）表示农户林权抵押信贷需求不为0；$\varphi\,(a\,X_{1i})$ 为标准正态分布的累积函数；$y_i$ 为因变量，表示农户是否存在林权抵押信贷需求；$X_{1i}$ 为自变量，表示农户的家庭资源禀赋变量，$a$ 为相应的待估系数，$i$ 表示第 $i$ 个观测样本。

其次考察农户林权抵押信贷需求规模，建立数量方程如下：

$$E[y_i | y_i > 0, x_{2i}] = x_{2i} \times \beta + \delta \times \lambda \left( \frac{x_{2i} \times \beta}{\delta} \right) \qquad (5\text{-}7)$$

式中：$E(.)$ 为条件期望，表示农户林权抵押信贷需求规模；$\lambda(.)$ 为逆米尔斯比率；$x_{2i}$ 代表农户家庭资源禀赋变量；$\beta$ 为相应的待估系数；$\delta$ 为截取正态分布的标准差；其他符号与式（5-5）、式（5-6）相同。通过（5-1）~（5-3）式，可构建对数依然函数如下：

$$\ln L = \sum_{y_i=0} \{\ln[1-\varphi(a x_{1i})]\} + \sum_{y_i>0} \{\ln\varphi(a x_{1i}) - \ln\varphi(\beta x_{2i}/\delta)\ln(\delta) + \ln\{\varphi[(y_i - \beta x_{2i})/\delta]\}\} \qquad (5\text{-}8)$$

式中：$\ln L$ 代表对数依然函数值，利用极大依然估计法估计式（5-8），可得到各相关参数。

## （二）Oaxaca-Blinder 分解方法

为更深入分析家庭资源禀赋对新型林业经营主体与传统型农户林权抵押信贷需求的影响，本文借鉴劳动经济学中经典的Oaxaca-Blinder工资差异分解方法，在双栏模型回归显著变量筛选基础之上，添加反事实假设，分析造成两类农户林权抵押信贷需求差异的原因，具体模型设计如下：

$$\overline{Y_n} = \widehat{\beta_n}\,\overline{x_n} \qquad (5\text{-}9)$$

$$\overline{Y_r} = \widehat{\beta_r}\,\overline{x_r} \qquad (5\text{-}10)$$

式中：$n$ 代表新型林业经营主体；$r$ 代表传统型农户；$\overline{Y}$ 代表农户林权抵押信贷需求规模的均值向量；$\overline{x}$ 表示相关解释变量的均值向量；$\widehat{\beta}$ 表示系数向量。将（5-9）式和（5-10）式相减，得到（5-11）式：

$$\overline{Y_r} - \overline{Y_n} = \widehat{\beta_n}(\overline{x_r} - \overline{x_n}) + \overline{x_r}(\widehat{\beta_r} - \widehat{\beta_n}) \qquad (5\text{-}11)$$

式（5-11）可分为两部分，$\widehat{\beta_n}(\overline{x_r} - \overline{x_n})$ 为可解释部分，即家庭资源禀赋所带来的影响；$\overline{x_r}(\widehat{\beta_r} - \widehat{\beta_n})$ 为不可解释部分，即在家庭资源禀赋相同的情况下，样本回归系数对信贷需求差异的贡献。

# 三、实证分析

## （一）家庭资源禀赋对农户林权抵押信贷需求的影响分析

首先运用双栏模型分析家庭资源禀赋对农户林权抵押信贷需求的影响。如表5-4所示，Wald卡方检验值为69.59，并在1%的水平上显著，说明模型整体拟合效果较好。

表 5-4　家庭资源禀赋对农村林权抵押信贷需求影响的实证结果

| 变量类型 | 变量 | 意愿方程 | | 数量方程 | |
|---|---|---|---|---|---|
| | | 系数 | 标准误 | 系数 | 标准误 |
| 人力资本 | 受访者年龄 | −0.018*** | 0.007 | 0.011 | 0.01 |
| | 劳动力占比 | 0.395* | 0.224 | −0.176 | 0.382 |
| | 教育年限 | 0.001 | 0.022 | 0.077** | 0.036 |
| 社会资本 | 人情来往费用 | 0.109** | 0.045 | −0.007 | 0.032 |
| | 是否有亲友在政府工作 | −0.197 | 0.168 | −0.613** | 0.293 |
| 经济资本 | 家庭年生产纯收入（取对数） | 0.134** | 0.295 | 0.505*** | 0.272 |
| | 生产性固定资产（取对数） | 0.189** | 0.074 | −0.086 | 0.098 |

(续)

| 变量类型 | 变量 | 意愿方程 | | 数量方程 | |
|---|---|---|---|---|---|
| | | 系数 | 标准误 | 系数 | 标准误 |
| 林地资源 | 林地经营面积（取对数） | 0.080** | 0.338 | 0.300** | 0.289 |
| | 常数项 | 6.571** | 3.347 | −10.564*** | 2.955 |
| 对数依然值 | | | | −259.754 | |
| Wald 卡方值 | | | | 69.59*** | |

注：*、**、*** 分别表示在 10%、5%、1% 的水平上显著。

**1. 人力资本禀赋对农户林权抵押信贷需求的影响**

估计结果表明，受访者年龄对林权抵押信贷需求意愿存在负向影响，说明年龄越大的农户，信贷需求意愿就越低，与之相反家庭劳动力占比越高，农户林权抵押信贷需求意愿则越强。其原因有二：一是年龄偏大的农户满足于自给自足的生产生活，对生产资金的需求较低；二是对于有学童的家庭因生活开支较大、抗风险能力差、对土地的依赖性较强，林权抵押贷款决策较为谨慎。

从林权抵押信贷需求规模来看，农户的教育年限对信贷需求规模存在正向影响，并通过了5%的显著性检验。有研究文献显示文化程度越高，越容易熟悉掌握信贷政策以及相关的借贷条款，更有可能选择符合自身需求的信贷产品。

**2. 社会资本禀赋对农户林权抵押信贷需求的影响**

从意愿结果方程看，人情来往费用对农户的林权抵押信贷需求具有促进作用，一般而言，人情来往费用越高代表人际关系越广，社会资本禀赋则越强，在申请林权抵押时则更容易获得亲友的担保，从而获得信贷资金；从信贷需求数量方程看，在具有林权抵押信贷需求的农户中，亲友为公务员的群体信贷需求数额处于相对较低的水平。其原因在于，当农户面临资金缺口时首先选择"亲友圈层"，当亲友借款依旧无法满足资金需求时，才选择金融机构融资渠道。

**3. 经济资本禀赋对农户林权抵押信贷需求的影响**

在需求意愿方程中，家庭生产年收入与农户"是否选择林权抵押信贷"呈反向关系，说明农户收入水平越高，资金就越充足，对林权抵押信贷需求意愿就越低。生产性固定资产价值与农户林权抵押信贷需求呈正向关系，在调研中发现，农户的生产性固定资产价值越高，生产投资规模越大，对信贷资金的需求欲望则越强烈。从需求规模角度看，家庭生产性年收入对信贷需求规模存在促进作用，生产性收入越高，抵御潜在风险的能力则越强。由此可以得出结论，在经济资本禀赋中，林权抵押信贷需求意愿主要取决于生产性固定资产规模，信贷需求规模主要取决于家庭生产性收入。

**4. 林地资源禀赋对农户林权抵押信贷需求的影响**

家庭林地经营面积对农户林权抵押信贷需求意愿与需求规模均在5%的水平上显著。家庭林地经营面积代表农户的生产规模。林业生产具有投资规模大、回归周期长的特征，生产经营资金的回流效率较低。因此林地面积对林权抵押信贷需求存在正向的行为导向。综述上所述人力资本、社会资本、经济资本、林地资源均对农户林权抵押信贷需求决策行为产生影响，研究假设1得到验证。

## (二)家庭资源禀赋对林权抵押信贷需求差异的影响

上述研究内容仅对总体样本的林权抵押信贷需求影响因素做出分析,但对异质性群体的差异化研究不够充分。因此需采用Oaxaca-Blinder分解方法对家庭资源禀赋因素做差异分解,研究家庭资源禀赋对信贷需求差异的影响。由表5-5可知,从整体上看,新型林业经营主体与传统型农户两组之间差异值为2.313,Z值为9.04,并通过1%显著性检验,表明两类群体信贷需求差异显著。其中可解释部分,即家庭资源禀赋的影响为1.807,高于不可解释的部分。表明农户林权抵押信贷需求差异主要来自家庭资源禀赋的影响,其可以解释两类群体林权抵押信贷需求决策行为差异的78.14%,即在农户面临相同市场环境下,完全由家庭资源禀赋导致的信贷需求差异占78.14%;不可解释部分占林权抵押信贷需求差异的21.86%,不可解释部分主要来自集体林权制度改革等方面所带来的影响。

表5-5 农户信贷需求规模总体差异的Oaxaca-Blinder分解

| 项目指标 | 系数 | 标准误 | z | P > z |
| --- | --- | --- | --- | --- |
| 新型林业经营主体 | 3.064 | 0.246 | 12.450 | 0.000*** |
| 传统型农户 | 0.751 | 0.070 | 10.690 | 0.000*** |
| 差异 | 2.313 | 0.256 | 9.040 | 0.000*** |
| 可解释 | 1.807 | 0.699 | 2.590 | 0.010*** |
| 不可解释 | 0.506 | 0.723 | 0.700 | 0.484 |

注:*、**、***分别表示在10%、5%、1%的水平上显著。

由表5-6可知,人力资本、社会资本、经济资本、林地资源四类家庭资源禀赋的贡献率分别为-4.36%、1.82%、50.92%、29.82%,其中最高的为经济资本禀赋,最低的为人力资本禀赋。这说明经济资本与林地资源是两类群体林权抵押信贷需求差异的主要因素。

从分项结果来看,在家庭资源禀赋中,家庭年生产纯收入是两类群体信贷需求差异的主要因素,可以解释两类群体信贷需求水平差异的45%。其原因在于两类群体在经济收入上的差异特征最为明显,高收入群体主要集中于新型林业经营主体类别,其生产收入来源为林业和工商业,对林权抵押信贷资金的需求更强烈。林地经营面积对林权抵押信贷需求的贡献率达到30%,林地经营面积贡献率大的主要原因与林权抵押信贷业务本身存在较大的关联。金融机构发放林权抵押信贷的主要标准是林地经营面积,而新型林业经营主体拥有的林地经营面积最高,生产投入规模最大,势必导致信贷需求高于传统型农户。综上所述,经济资本与林地资源禀赋是造成两类群信贷需求不同的主要原因,再次验证了研究假设1。

表5-6 农户林权抵押信贷需求总体差异的Oaxaca-Blinder分项分解

| 变量 | 家庭资源 | 禀赋占差异值的比例 | 系数差异 | 系数差异占差异值的比例 |
| --- | --- | --- | --- | --- |
| 受访者年龄 | −0.148 | −0.06 | 3.663 | 1.59 |
| 劳动力占比 | 0.032 | 0.01 | 0.502 | 0.22 |
| 教育年限 | 0.015 | 0.01 | −0.121 | −0.05 |
| 人情来往费用 | 0.093 | 0.04 | −0.208 | −0.09 |
| 是否有亲友在政府工作 | −0.051 | −0.02 | 0.029 | 0.01 |
| 家庭年生产纯收入(取对数) | 1.033 | 0.45 | 5.696 | 2.46 |

(续)

| 变量 | 家庭资源 | 禀赋占差异值的比例 | 系数差异 | 系数差异占差异值的比例 |
|---|---|---|---|---|
| 固定生产资产价值（取对数） | 0.142 | 0.06 | 0.126 | 0.05 |
| 林地经营面积（取对数） | 0.692 | 0.30 | 1.488 | 0.64 |
| 常数项 | — | — | −10.670 | −4.61 |
| 总计 | 1.808 | 0.79 | 0.505 | 0.22 |

### （三）集体林权制度改革对信贷需求差异的影响

为了进一步研究集体林权制度改革对林权抵押信贷需求差异的影响，本文在调研中，设置了问卷问题"集体林权制度改革给您的家庭带来好处了吗"，回答选项包含"没有好处""有一点好处"和"好处很大"三类，农户的选择比例分别为26.09%、39.57%和34.35%。如表5-7所示，随着集体林权制度改革对家庭影响的加强，不可解释变量系数由−1.730增长到1.820，可解释系数由3.348下降到1.118，这说明当集体林权制度改革对家庭影响较小时，农户主要基于自身的家庭资源禀赋特征安排资金开展生产投资，进而产生林权抵押信贷资金需求差异；当林权改革给家庭带来较多福利时，农户往往会调整家庭资源配置，扩大生产投资规模或者投资新的领域，林权抵押信贷资金需求差异得以扩大。

表5-7 集体林权制度改革对信贷需求差异影响的分解结果

| 项目指标 | 没有好处 | | 有一点好处 | | 好处很大 | |
|---|---|---|---|---|---|---|
| | 系数 | 标准误 | 系数 | 标准误 | 系数 | 标准误 |
| 新型林业经营主体 | 2.382*** | 0.762 | 2.041*** | 0.590 | 3.655*** | 0.283 |
| 传统型农户 | 0.765*** | 0.135 | 0.762*** | 0.109 | 0.717*** | 0.134 |
| 差异 | 1.618*** | 0.774 | 1.279*** | 0.600 | 2.938*** | 0.313 |
| 可解释 | 3.348*** | 2.377 | 2.667*** | 1.597 | 1.118 | 0.800 |
| 不可解释 | −1.730 | 2.398 | −1.388 | 1.620 | 1.820*** | 0.839 |

注：*、**、*** 分别表示在10%、5%、1% 的水平上显著。

由图5-3可以推出，可解释部分与不可解释部分呈反向变动趋势，即随着林权改革对家庭的影响的深化，家庭资源禀赋对信贷需求影响差异不断减弱，外部影响变量对信贷需求影响差异则不断加强。同时集体林权制度改革对家庭"没有好处""有一点好处""好处很大"的三个分组中，最后一组的可解释部分与不可解释部分的差值最小，即家庭资源禀赋与外部变量的影响程度最接近。由此可以得出结论，集体林权制度改革缓解了因产权模糊而带来的

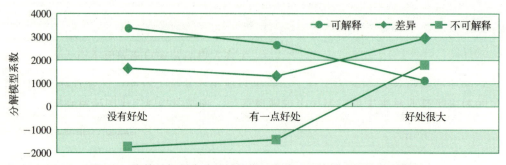

图5-3 集体林权制度改革对信贷需求差异影响的分解结果示意图

林地流转交易滞后问题，促进了林地市场发育，推动了生产要素的合理流动，进而促使外部市场环境发生相应变化。在此背景下，农户将调整家庭的人力资本、社会资本、经济资本以及林地资源等资源禀赋，重新安排生产投资，从而导致林权抵押信贷需求差异的产生，研究假设2得到验证。

# 结论与建议

## 一、主要结论

基于"理性小农"经济行为理论，本文构建了农户林权抵押信贷需求决策行为理论分析框架，阐述了家庭资源禀赋对异质性农户林权抵押信贷需求决策行为的影响机理，并进一步揭示了集体林权制度改革对家庭资源禀赋与林权抵押信贷需求的调节作用，利用2019年辽宁省460个林农家庭调研数据检验了本文的研究假说。调研结果显示：

（1）传统型农户与新型林业经营主体均存在林权抵押信贷需求　本文通过直接询问农户"是否需要林权抵押信贷"，最终得出结论：39.78%的调研农户存在林权抵押信贷需求，其中新型林业经营主体所占比重为67.29%，这与其他研究的"农户林权抵押信贷需求不足"的结论存在一定差异。

（2）人力资本、社会资本、经济资本、林地资源等家庭资源禀赋分别对农户林林权抵押需求意愿与需求规模产生不同的影响，其中经济资本与林地资源禀赋是造成异质性农户林权抵押信贷需求差距的主要原因。

（3）集体林权制度改革的政策影响是导致林权抵押信贷需求差异的重要因素　通过不同政策影响的农户分组比较发现，集体林权制度改革对家庭的影响越大，家庭资源禀赋对信贷需求差异的影响则越弱，而外部变量对信贷需求差异的影响则越强。

## 二、政策建议

基于以上发现，为有效缓解"农业缺投入、农村缺资金、农民难融资"等农村金融发展问题，提出以下建议：一是为了保障农村林权抵押信贷政策的适用性，应针对不同林业经营主体的家庭资源禀赋、投资行为等实际情况，探索差异化林权抵押信贷政策。二是进一步强化金融对林业的扶持力度。积极创新林业金融产品，探索建立"公益林收益权质押担保"实验区，将林下经济作物纳入至林权抵押物范围。三是加强林权抵押政策宣传。在完善相关配套机制的基础上，各级政府、村委会应加强对传统型农户和新型林业经营主体的宣传力度，鼓励农户通过多种方式盘活林地资本，更好地足自身的生产经营需要。

# 林业产业发展状况、问题及对策

2019 集体林权制度改革监测报告

# 基本情况

## 一、研究背景

随着经济社会的发展与需求结构的变化，林业在人类发展中的地位与作用不断发生变化。从全球范围来看，林业发展大致经历了经济利用为主阶段、经济利用与生态建设并重阶段和生态利用为主三个阶段。我国目前正处于经济利用与生态建设并重逐步向生态利用为主转变。

自中华人民共和国成立以来，我国林业制度产生了一系列重大变革，尽管也经历了一定的波折与反复，但总体而言，林业发展取得了相当不错的发展绩效，尤其是自20世纪90年代以来，我国林业呈现出了生态与经济持续协调向好的发展态势。进入21世纪，伴随着我国土地制度改革的不断深化，在林业领域启动了新一轮覆盖全国的林业产权制度改革。2008年，在福建、江西、浙江等先行试点改革取得初步成功的基础上，中共中央 国务院正式颁发《关于全面推进集体林权制度改革的意见》，在全国范围推开以"明晰产权、放活经营权、落实处置权、保障收益权"为主要内容的新一轮集体林权制度改革，以期通过产权制度改革，逐步形成集体林业良性发展机制，构建现代林业生态与林业产业体系，实现资源增长、农民增收、生态良好、林区和谐的目标。此次林权改革影响深远，甚至被称为我国"第三次土地改革"。

我国新一轮集体林权制度主体改革已于2013年基本完成，相应的配套改革措施正在逐步建立与完善之中，林业发展总体呈现良好势头。据第九次森林资源清查资料显示，我国森林面积、森林蓄积和森林覆盖率分别达到2.2亿公顷、175.6亿立方米和22.96%，与第八次森林资源清查相比，分别提高了1275.89万公顷、24.23亿立方米和1.33个百分点。中国是目前全球范围森林资源数量增加最多、增速最快的国家。与此同时，林业产业发展也取得了显著成效，林业总产值已从2008年的14406亿元提高到2018年的73300亿元，年均增长17.67%，高于同期GDP增长速度。

尽管，自新一轮集体林权制度改革以来，我国林业发展取得了世界瞩目的成绩，但随着经济社会的快速发展，以及人民消费需求结构的持续升级，林业发展也面临诸多新问题与新挑战。比如，在新的历史发展阶段，林业产业发展有何新的趋势与特点？林业产业发展面临哪些新的问题与挑战？林业产业发展对林业资源有何影响？新型林业经营主体对林农增收与就业的带动效应如何？政府应该采取何种措施支持林业产业发展？等等问题是学术界与政府普遍关注的问题。

为了对上述问题作出科学回答，受国家林业局委托，课题组于2019年12月至2020年1月，组织20多人的团队，以最早开展新一轮集体林权制度改革的浙江、福建、江西省为研究点，围绕林业产业发展状况、成效及其面临的挑战等问题，进行了为期两周的实地调研。并于2020年2月下旬，针对新冠疫情对林业产业发展的可能影响，对三省调研林业经营主体进行了电话回访。

## 二、抽样方法与样本分布

本次调研以浙江、福建、江西3个集体林权改革先行试点省份为样本，在每个样本省份选择具有代表性的林业产业发达县（市）作为样本，其中浙江省选择了6个样本县（市）、福建与江西各选择了3个样本县（市），代表性林业产业主要包括特色经济类产业和竹木加工产业。

在每个样本省份与样本县（市）首先召开省级与县（市）级层面座谈会，在每个样本县（市）选择10个左右林业新型主体（林业企业、家庭林场、合作社、专业大户）和2~3个林业产业相对发达的乡镇为样本，在每个乡镇选择林业产业发展相对发达的2个村，在每个村选择10~15户以主要从事林业经营的农户作为样本，共计调研3省12县（市）54个乡镇88个村庄145个新型林业经营主体和332个农户，样本分布情况具体见表6-1。

表 6-1 调研样本分布情况

| 省份 | 县（市） | 乡镇（个） | 村（个） | 农户（个） | 新型经营主体（个） |
| --- | --- | --- | --- | --- | --- |
| 浙江省 | 常山县 | 4 | 6 | 24 | 12 |
| | 江山市 | 2 | 4 | 26 | 11 |
| | 磐安县 | 5 | 9 | 21 | 12 |
| | 诸暨市 | 2 | 7 | 39 | 5 |
| | 安吉县 | 2 | 7 | 32 | 20 |
| | 南浔区 | / | / | / | 5 |
| 福建省 | 建瓯市 | 9 | 11 | 30 | 13 |
| | 沙县 | 4 | 10 | 56 | 9 |
| | 永安市 | 3 | 4 | 26 | 3 |
| 江西省 | 吉水县 | 5 | 8 | 25 | 20 |
| | 遂川县 | 7 | 11 | 47 | 15 |
| | 南康区 | 11 | 12 | 6 | 20 |
| 小计 | | 54 | 88 | 332 | 145 |

本次调研针对不同调研主体，共设计了4套问卷。一是针对省级与县（市）级专家问卷，调研主要内容包括各省、县（市）林业产业发展概况、政策举措、发展成效以及面临的问题与挑战等。二是针对新型林业经营主体（林业企业、家庭林场、合作社、专业大户）问卷，调研内容包括新型主体基本情况、林业生产投入产出状况、新型经营主体对周边普通林农的带动效应，新型经营主体自身发展面临的主要挑战以及政策需求等。三是针对样本村的调研问卷，主要了解村庄经济社会发展基本情况，村级层面林业产业发展状况等。四是针对普通林农问卷，主要包括家庭人口学特征、林地资源状况、就业状况、林业生产状况以及林业政策需求等。此外，针对此次突发新冠疫情，研究团队于2020年2月下旬，以电话回访的形式，就新冠疫情对林业经营主体的影响及其应对情况进行了跟踪补充调查。

### 三、发达国家林业产业发展趋势及其启示

林业发展有其内在自身规律,通过考察发达国家林业发展变化趋势及其政策演变,对于包括中国在内的发展中国家而言,具有一定的借鉴与参考价值。本节重点分析世界林业发达国家林业发展趋势、特点及其启示。

#### (一)全球及主要发达国家森林资源变化整体趋势(1990–2016年)

图6-1和图6-2分别为1990–2016年,全球以及7个林业发达国家与中国的森林资源变化情况。可以看出,森林资源变化有如下特点:

**1. 全球森林资源总体呈下降趋势,但下降趋势有所减缓,且不同地区表现差异明显**

如图6-1所示,1990–2016年,全球森林面积约减少1.15亿公顷,每年减少约为440万公顷。但进入21世纪以来,全球森林资源下降趋势有所放缓,这主要得益于中国、印度等国家在森林资源保护与恢复中的贡献。就不同地区来说,非洲和南美洲森林资源下降最为明显,期间森林面积净损失率分别为0.49%和0.40%。亚洲和欧洲森林面积呈增长态势,年均净增长率分别为0.17%和0.08%。

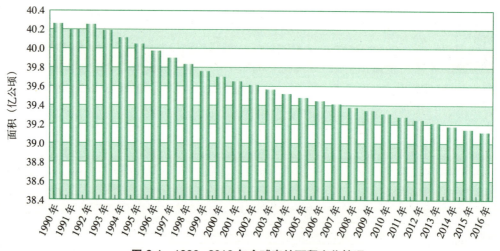

图 6-1 1990–2016 年全球森林面积变化情况

数据来源:世界银行。

**2. 主要发达国家森林资源相对稳定,中国森林资源呈现快速增长态势**

美国、加拿大、德国、芬兰、瑞典、日本和新西兰等国家是世界公认的林业发达国家。从图6-2可以看出,这些发达国家森林资源基本处于相对稳定状态;中国森林资源则呈现快速增长态势,从1990年的1.571亿公顷增加到2016年的2.099亿公顷,净增长0.528亿公顷,增量位居全球之首,并于2019年被联合国授予了"地球卫士"称号。这主要得益于自20世纪90年代后期以来,中国在林业发展定位的及时转变,以及在生态保护及恢复方面所作出的巨大努力。

图 6-2　1990—2016 年中国与部分发达国家森林面积

数据来源：世界银行。

需要指出的是，森林是可再生资源，发达国家森林资源总量趋于稳定，并不意味这些国家林业发展趋于停滞，而是这些国家林业发展已进入生态利用为主阶段，基本实现良性循环，森林资源处于高水平相对稳定阶段，森林覆盖率普遍已超过30%，平均达到50%，这也是包括中国在内发展中国家未来努力的方向。

### （二）林业在国民经济中的直接经济贡献率变化趋势

如前所述，随着经济社会的发展，林业在人类发展历史中的地位与作用也在不断变化之中，林业在国民经济中的直接经济贡献也将发生相应变化。本文采用农林牧副渔增加值占该国GDP比重以及世界银行推荐的"森林租金"指标，分别用于反映林业部门自身对国民经济的直接贡献和整体贡献。所谓"森林租金"是指长期使用森林地段或森林资源的经营单位和个人缴纳的使用费，以林业税税率为基础进行计算，反映的是该国林业对国民经济发展的整体贡献，森林租金越高表明林业重要程度越高，林业对国民经济发展的贡献越大。图6-3为1970—2016年，中国及主要发达国家农林牧副渔增加值占该国GDP比例和"森林租金"的动态变化情况。从图6-3可以看出：

#### 1. 农林牧副渔增加值占GDP比重呈持续下降态势

7个发达国家农林牧副渔增加值占GDP平均比例，已从1970年的6%下降到2016年的2%，在中国该指标也有相似变化趋势；表明林业部门自身对国民经济发展的直接经济贡献以及在国民经济结构中相对重要性在下降。

#### 2. 森林租金总体上呈现出波动下降态势

7个发达国家森林租金均值从1970年的平均0.56下降到2016年的0.15，同期，中国森林租金也从0.63下降到0.11。上述指标变化表明，随着经济发展水平的不断提高，林业对国民经济发展的经济贡献率在下降。

需要指出的是，上述指标反映的是林业在国民经济发展中经济贡献，林业对经济社会发展的生态贡献，并未得到反映。因此，不能因为林业对国民经济发展直接经济贡献下降而否定林业本身的重要性；恰恰相反，随着经济社会的不断发展，林业作为最重要生态支撑系统，对经济社会发展质量提升的重要性愈加凸显。

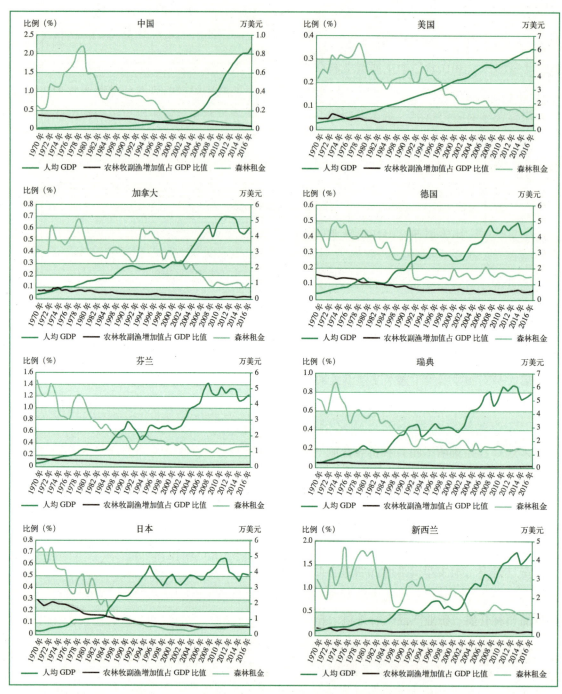

**图 6-3　1970—2016 年中国与典型林业发达国家林业发展趋势**

数据来源：世界银行。

### （三）发达国家林业发展的一些启示

尽管因各国国情、林情的差异，不同国家林业产业发展模式和路径选择有所不同，但必须看到林业有其自身内在发展规律，掌握这一变化规律对中国未来林业发展道路的选择与政策制定，有重要的借鉴与参考意义。

首先，不同历史阶段林业发展定位有明显差异，发达国家同样经历了经济利用为主－经济与生态并重－生态利用为主逐步转变的过程。表6-2为世界林业发达国家与中国林业发展历程及其各阶段战略定位与特点。

表 6-2　中国与主要发达国家林业发展阶段概况

| 发展阶段 | 国家 | 时间 | 林业发展定位和特点 |
|---|---|---|---|
| 经济利用为主阶段 | 芬兰、瑞典 | 20 世纪 50 年代以前 | 定位：基础产业；特点：以为国民经济发展提供原料为主要目标任务 |
| | 美国、加拿大、新西兰 | 20 世纪 60 年代以前 | |
| | 德国、日本 | 20 世纪 70 年代中期以前 | |
| | 中国 | 20 世纪 80 年代以前 | |
| 经济利用与生态保护并重阶段 | 芬兰、瑞典 | 20 世纪 50 年代至 90 年代 | 定位：既是基础产业也是公益事业；特点：以木材永续利用为目标，同时注重生态保护与森林恢复 |
| | 美国、加拿大、新西兰 | 20 世纪 60 年代至 90 年代末 | |
| | 德国、日本 | 20 世纪 70 年代中至 90 年代 | |
| | 中国 | 20 世纪 80 年代至 21 世纪初 | |
| 生态利用为主阶段 | 芬兰、瑞典 | 20 世纪 90 年代至今 | 定位：公益事业；特点：以发挥森林生态功能与效益为主，兼顾产业发展，注重人与森林生态系统的和谐 |
| | 美国、加拿大、新西兰 | 21 世纪初至今 | |
| | 德国、日本 | 20 世纪 90 年代至今 | |
| | 中国 | 21 世纪初至今 | |

资料来源：已有文献资料。

其次，经济社会发展水平与结构提升是林业发展阶段转变的前提；同时林业立法与政策制度的及时调整也十分重要。随着经济社会发展水平提升和经济结构的转变，国民经济发展对林业在直接依赖程度不断下降，及其相应的消费需求结构变化，是林业发展阶段转变的前提条件。但政府能够根据形势变化及时在立法与政策层面做出相应调整，是促使林业发展阶段转变的关键。纵观世界林业发达国家林业发展历程，不同国家均通过森林立法修订和林业政策等形式，及时调整林业发展战略定位与举措，为森林资源保护与林业产业发展提供法律与政策保障。

# 林业产业发展情况

## 一、样本省份林业产业发展概况：基于统计数据分析

森林资源与林业产值及其结构状况是衡量一个国家或地区林业发展总体水平的关键指标。本节基于官方统计数据资料，就样本省份林业产业发展状况作一个简要描述分析。

### (一) 森林资源变化趋势

本文以森林总面积、活立木总蓄积、森林覆盖率指标反映森林数量变化情况；以单位面积蓄积量、生态公益及自然保护区面积及占比指标反映森林质量及其受保护状况。1980-2018年，样本省份森林资源变化，具有如下特点：

**1. 森林资源数量明显增加**

图6-4~图6-6分别为样本省份1980-2018年，森林总面积、森林总蓄积和森林覆盖率变化情况。可以看出，1980-2018年，样本省份森林资源数量在明显增加，森林面积、蓄积、森林覆盖率等指标均呈稳步提升态势，具体表现如下：

（1）森林面积持续扩大　1980-2018年，江西、福建、浙江三省的森林面积分别从546.23万公顷、449.64万公顷和342.89万公顷增长到2018年的1021.02万公顷、811.58万公顷、

607.56万公顷，分别增长了474.79万公顷、361.94万公顷、264.6万公顷，年均增长率分别为1.66%、1.57%、1.52%，见图6-4。

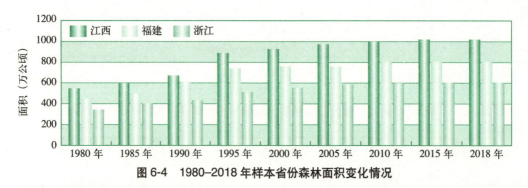

图6-4　1980–2018年样本省份森林面积变化情况

数据来源：三省林业统计年鉴。

（2）活立木总蓄积明显增加　1980–2018年，江西、福建、浙江三省活立木总蓄积分别从3.02亿立方米、4.3亿立方米、0.90亿立方米增长到5.76亿立方米、7.97亿立方米、3.85亿立方米，分别增长了2.74亿立方米、3.67亿立方米、2.95亿立方米，年均增长率分别为1.71%、1.64%、3.90%，浙江省增长率明显快于江西和福建两省，见图6-5。

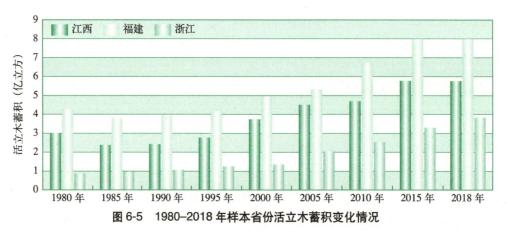

图6-5　1980–2018年样本省份活立木蓄积变化情况

数据来源：三省林业统计年鉴。

（3）森林覆盖率明显提高　1980–2018年，江西、福建、浙江三省森林覆盖率，从32.8%、37%、33.7%增长到2018年的61.16%、66.8%、61.2%，分别增长了28.36%、29.8%、27.5%，年均增长率分别为1.65%、1.57%、1.58%，见图6-6。

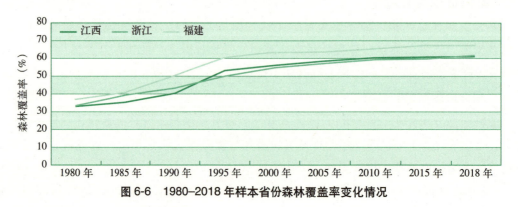

图6-6　1980–2018年样本省份森林覆盖率变化情况

数据来源：三省林业统计年鉴。

**2. 森林资源质量与受保护程度明显提高**

（1）单位面积蓄积先降后升，不同省份之间差异明显 1980—2018年，江西、福建、浙江三省森林单位面积蓄积，总体上呈现U型变化趋势。具体而言，以20世纪90年代中期为分界，呈现先下降后上升的发展态势。数据显示，1980—2018年，江西、福建、浙江三省每公顷森林蓄积从1980年的43.21立方米、65.83立方米、23.04立方米，增长到2018年的49.66立方米、89.82立方米和46.25立方米，分别增长了6.45立方米、23.99立方米、23.21立方米，年均增长率为0.37%、0.82%、1.85%。不同省份之间单位蓄积量差异明显，福建省森林资源质量最好，明显优于江西和浙江；但从森林资源质量提升速度来看，浙江要明显高于江西和福建，具体见图6-7。

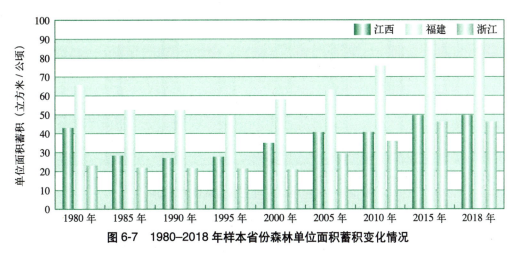

**图 6-7 1980—2018年样本省份森林单位面积蓄积变化情况**

数据来源：三省林业统计年鉴。

（2）森林资源保护面积不断扩大，森林受保护程度日益提升 江西、福建、浙江三省省级以上生态公益林面积有较快增长，森林资源得到了有效保护。数据显示，从2000—2018年，江西、福建、浙江三省省级以上生态公益林从2000年的260万公顷、266万公顷、108万公顷，分别增长到2018年的343万公顷、286万公顷、194万公顷，分别增长了82万公顷、20万公顷、194万公顷，年均增长率分别为1.47%、0.38%、5.56%，见图6-8。

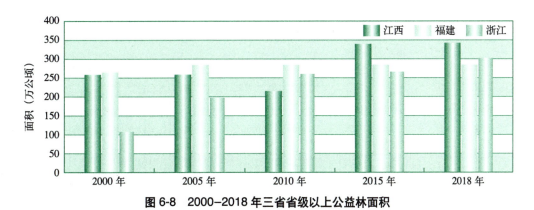

**图 6-8 2000—2018年三省省级以上公益林面积**

数据来源：根据三省林业统计年鉴、统计公报整理。

自然保护区数量和面积平稳增长。截至2017年，江西、福建、浙江三省自然保护区数量分别为183个、89个、19个，保护区面积分别为102万公顷、42万公顷、11万公顷，自然保护区数量和面积增长较为平稳，见图6-9、图6-10。

图 6-9　2010—2017 年三省自然保护区数量

数据来源：根据三省林业统计年鉴、统计公报整理。

图 6-10　2010—2017 年三省自然保护区面积

数据来源：根据三省林业统计年鉴、统计公报整理。

## （二）林业产值及其结构状况

林业总产值、林业三次产业结构是反映林业产业发展状况的主要指标。本研究收集了样本省份自2000年以来林业总产值及其结构统计数据，具有如下发展趋势与特点。

### 1. 林业总产值快速增长

截至2017年年底，浙江、福建、江西三省林业全行业总产值分别为5633亿元、5002亿元、4171亿元，较2000年增长了5098亿元、4716亿元、4043亿元，年均增长率分别为14.84%、18.33%、22.73%。从总量上看，浙江略高于江西和福建两省；从增长率看，江西略高于浙江和福建两省，见图6-11。

图 6-11　2000—2017 年三省林业总产值增长情况

数据来源：三省林业统计年鉴。

### 2. 林业产业结构不断优化，不同省份结构差异明显

从三次产业结构变化情况来看，2000—2017年，浙江、福建、江西三省林业产业结构在

不断优化，林业三产比例均有较大幅度提升，浙江省产业结构从2000年的32.8∶54∶13.2调整为2017年的16.9∶45.5∶37.6；福建省产业结构从2000年的68.7∶30.3∶1调整为2017年的18∶76.3∶5.7；江西省产业结构从2000年的61.6∶34.7∶3.6调整为2017年的27.3∶47.2∶25.5。从产业结构省份差异来看，浙江省林业三产比例明显高于福建省和江西省，产业结构相对更趋合理；但从调整速度来看，江西省要明显快于福建省和浙江省，林业产业结构提升空间更大，见图6-12～图6-14。

**图 6-12　2000—2017 年浙江省林业三产结构变化情况**

数据来源：三省林业统计年鉴。

**图 6-13　2000—2017 年福建省林业三产结构变化情况**

数据来源：三省林业统计年鉴。

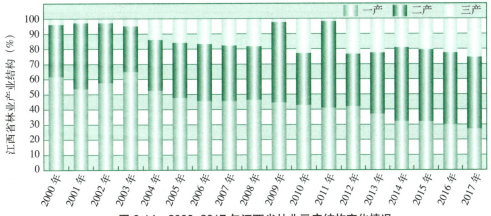

**图 6-14　2000—2017 年江西省林业三产结构变化情况**

数据来源：三省林业统计年鉴。

### (三) 样本省份新一轮集体林权制度改革概况

森林资源与林业产业发展持续向好发展，不仅得益于我国改革开放进程中国民经济的快速发展与结构的不断优化，也与样本省份林权制度改革的持续推进有关。浙江、福建、江西作为新一轮集体林权改革先行试点省份，率先完成了新一轮集体林权主体改革，并陆续出台了一系列旨在促进林业发展的配套政策举措。

就新一轮集体林权改革总体目标而言，三省基本没有明显差异，均以"明晰产权、放活经营权、落实处置权、保障收益权"为最终目标，简而言之，其主要特点是"分林放权"。但由于改革之前，各省林权制度结构存在明显差异，在新一轮集体林权改革中的具体操作存在较大差异。

具体而言，浙江省在20世纪80年代林业"三定"时期，已将超过70%的山林分林到户，且之后基本没有大的变动，因此新一轮集体林权改革，主要以延包确权发证为工作重点。福建省，在林业"三定"时期，普遍采用"分股不分林"方式进行改革，当时保留了较大比例的集体统管山，分林到户比例较小，因此，在新一轮林权改革中，将原先集体统管的山林，以不同方式分林到户是此次改革的主要内容。江西省，在林业"三定"时期，曾经将多数山林分林到户，但在1987年，因中共中央国务院发布《关于加强南方集体林区森林资源管理坚决制止乱砍滥伐的指示》，陆续又将部分分林到户的山林收归集体经营，因此，新一轮林权改革重点也重新进行分林到户改革。

在新一轮集体林权制度改革中，各地林权改革具体方案，在不违背国家林权制度改革总体要求的前提下，一般由各村自行确定，具体分山方式包括分林到户，分林到组，联户经营，谁造谁有，集体经营等多种形式。表6-3是新一轮集体林权改革后，样本省份林权制度结构情况。

表6-3 当前样本省份林权制度结构情况　　　　　　　　　　　　　　%

| 林权结构状况 | 浙江 | 福建 | 江西 | 三省平均 |
| --- | --- | --- | --- | --- |
| 农户经营比例 | 86.19 | 58.60 | 82.50 | 75.76 |
| 小组经营比例 | 6.15 | 12.94 | 2.60 | 7.23 |
| 联户经营比例 | 6.77 | 8.77 | 0.23 | 5.26 |
| 其他经营比例 | 0.77 | 19.26 | 14.30 | 11.44 |
| 合计 | 100 | 100 | 100 | 100 |
| 林权证发放率 | 99.7 | 99.0 | 98.5 | 99.07 |

数据来源：根据三省林业统计报告整理。

另外，浙江、江西、福建作为集体林权改革先行试点省份，在积极完成集体林权主体改革的同时，在配套改革上也进行了一系列大胆探索与创新改革；特别是在促进林地流转、新型林业主体培育、林业投融资与保险、森林采伐限额管理等方面，已经形成了较为完善的政策制度体系，有力促进了森林资源恢复与林业产业发展。

## 二、林业产业发展及其带动效应：基于实地调研分析

林业产业发展对于林区农户就业与增收以及促进森林资源可持续利用具有重要的影响，

是一个国家或地区林业发展水平的重要指标。本节基于实地调研数据,重点分析林业产业发展对当地农户收入与就业的影响。

## (一)样本县林业产业发展概况

表6-4为调研三省的样本县森林资源、林业产值以及新型林业经营主体(林业企业、家庭林场、林业合作社以及专业大户)发展概况(2018年)。从表6-4可以看出:

(1)调研样本县森林资源丰富,林业产业较为发达 调研样本县(市)平均林地面积与森林面积分别为18.2万公顷和17.1万公顷,其中,森林资源最多的是福建省建瓯市,林地面积与森林面积分别达到35.1万公顷和33.4万公顷。调研样本县平均林业产值达到268.8亿元,其中,林业产值最大的是江西省南康市为1245.3亿元。

(2)调研样本县新型林业经营主体整体发育较好,但地区之间差异较为明显 调研样本县林业企业、家庭林场和林业合作社数量分别达到1169家、41家和96家;其中,江西南康市林业企业数量高达7548家。

不过需要注意的是,林业产业发展与当地森林资源数量(如面积)并没有完全对应关系,换句话说,森林资源相对匮乏的地区,可能林业产业反而较为发达。究其原因,一是随着交通运输条件的极大改善,原料运输成本大幅度下降,林业产业发展对当地资源直接依赖程度下降。二是不同对方政府对林业产业重视与产业政策(比如环保政策)存在差异,也在很大程度上影响林业产业的发展与集聚。

表6-4 2018年样本县林业产业发展概况

| 省份 | 县/指标 | 林地面积(万公顷) | 森林面积(万公顷) | 林业产值(亿元) | 林业企业(家) | 家庭林场(家) | 林业合作社(家) | 林业特色产业 |
|---|---|---|---|---|---|---|---|---|
| 浙江 | 安吉县 | 13.2 | 10.8 | 258.4 | 1000 | 4 | 15 | 竹加工 |
| | 诸暨市 | 14.4 | 13.8 | 214 | 1175 | 9 | 54 | 香榧 |
| | 磐安县 | 10.3 | 10.0 | 40.5 | 12 | 10 | 25 | 中药材 |
| | 常山县 | 8.3 | 7.9 | 24.2 | 79 | 140 | 48 | 油茶 |
| | 江山市 | 14.5 | 14.0 | 220.9 | 980 | 2 | 43 | 木门 |
| | 平均 | 12.1 | 11.3 | 151.6 | 649.2 | 33 | 37 | — |
| 江西 | 吉水县 | 16.9 | 15.2 | 31.4 | 453 | 17 | 61 | 松香 |
| | 遂川县 | 25.6 | 24.8 | 78.4 | 13 | 39 | 95 | 木材 |
| | 南康区 | 10.0 | 8.4 | 1245.3 | 7548 | 9 | 3 | 木家具 |
| | 平均 | 17.5 | 16.1 | 451.7 | 2671 | 22 | 53 | — |
| 福建 | 建瓯市 | 35.1 | 33.4 | 256.0 | 369 | 8 | 151 | 竹加工 |
| | 沙县 | 14.6 | 13.6 | 185.2 | 13 | 161 | 176 | 木材 |
| | 永安市 | 25.2 | 24.3 | 168.2 | 180 | 38 | 267 | 竹笋、竹加工 |
| | 平均 | 25.0 | 23.8 | 203.1 | 187 | 69 | 198 | — |
| 三省平均 | | 18.2 | 17.1 | 268.8 | 1169 | 41 | 96 | |

数据来源:根据各县林业统计报告整理。

## (二)新型林业经营主体基本特征

新型林业经营主体是未来林业产业发展的主要力量。本节就调研样本县(市),各类林业经营主体(林业企业、家庭林场、林业合作社、专业大户)的基本特征作一简要分析。

## 1. 林业企业基本特征

表6-5为样本林业企业的基本特征,可以看出,不同省份林业企业平均规模与原料来源存在较大差异。

(1)就林业企业平均规模而言,福建省最大,浙江省次之,江西省最小。其中,福建省林业企业的平均总资产达64823万元,职工人数达到300人,2018年营业额达15962万元。

(2)就原料来源来看,福建样本企业使用本地原料比例最高,平均达到51%,其次是江西,为39%,浙江使用本地原料比例最少,为20%。

(3)就产品出口情况来看,福建样本企业产品出口比例最高,平均为21%,其次是江西,为12%,浙江为11%。

表6-5 林业企业基本特征

| 指 标 | 浙江 | 江西 | 福建 | 合计/平均 |
|---|---|---|---|---|
| 样本数量(家) | 31 | 25 | 8 | 64 |
| 总资产(万元) | 14919 | 4826 | 64823 | 28189 |
| 营业总额(万元) | 10979 | 6914 | 15962 | 11285 |
| 利润(万元) | 2049 | 1285 | 2624 | 1986 |
| 职工总数(人) | 159 | 108 | 300 | 189 |
| 固定员工数量(人) | 142 | 89 | 210 | 147 |
| 使用本地原料比例(%) | 20 | 39 | 51 | 37 |
| 产品出口比例(%) | 11 | 12 | 21 | 15 |

## 2. 林业合作社基本特征

表6-6为样本林业合作社的基本特征。从表6-6可以看出:

(1)从样本林业合作社资产规模和盈利能力来看,福建省林业合作社规模和盈利能力最大,其次是浙江省,最弱的是江西省。其中,福建省样本林业合作社平均总资产为922万元,营业额为1019万元,利润为198万元。

(2)从合作社参与社员数量来看,浙江省林业合作社带动社员数量最多,平均为174户,其次是江西省,为112户,最少的是福建省,仅为52户,这可能与福建省林业合作社普遍是大户联户建立有关。

表6-6 林业合作社基本特征

| 指 标 | 浙江 | 江西 | 福建 | 合计/平均 |
|---|---|---|---|---|
| 样本数量(家) | 11 | 8 | 7 | 26 |
| 总资产(万元) | 286 | 243 | 922 | 484 |
| 营业总额(万元) | 151 | 49 | 1019 | 406 |
| 利润(万元) | 24 | −3.4 | 198 | 73 |
| 社员数量(户) | 174 | 112 | 52 | 113 |
| 管理人员数量(人) | 4 | 6 | 4 | 5 |

### 3. 家庭林场基本特征

表6-7为样本家庭林场的基本特征，从表6-7可以看出：

（1）从家庭林场经营规模来看，江西省平均规模最大，平均经营面积为2031亩，福建次之，平均为1379亩，浙江最小，平均为796亩。

（2）从家庭林场收入总体水平来看，浙江省家庭林收入水平最高，达45.9万元，其次是福建省，为26.8万元，最弱的是江西省，仅为9.1万元。

（3）从家庭林场结构来看，林业收入占比最高的是福建，为84%，其次是浙江，为58%，江西比例最低，为36%。

上述特点表明，浙江省家庭林场整体盈利能力最强，这与浙江省家庭林场大多以经济林为主，且实施多元化经营有关。相比较而言，福建省家庭林场的专业化程度较高，林业收入占比高达84%。

表 6-7 家庭林场基本特征

| 指标 | 浙江 | 江西 | 福建 | 合计/平均 |
|---|---|---|---|---|
| 样本数量（家） | 15 | 8 | 10 | 33 |
| 家庭人口（人） | 4 | 6 | 5 | 5 |
| 家庭劳动力（人） | 2 | 4 | 3 | 3 |
| 家庭从事林业生产劳动力（人） | 2 | 2 | 2 | 2 |
| 家庭经营林地面积（亩） | 796 | 2031 | 1379 | 1402 |
| 家庭转入林地面积（亩） | 749 | 1809 | 1293 | 1284 |
| 家庭总收入（万元） | 45.9 | 9.1 | 26.8 | 27.3 |
| 其中：林业收入比例（%） | 58 | 36 | 84 | 59 |

### 4. 专业大户基本特征

表6-8为样本林业专业大户的基本特征（福建省数据缺失）。从表6-8可以看出，浙江省林业专业大户户均林地经营规模（225亩）小于江西省（325亩），浙江省户均家庭总收入以及林业收入占比明显高于江西省，表明浙江的林业专业大户专业化程度与经营效率更高，这可能与浙江省专业大户多以经济林为主有关。

表 6-8 林业专业大户基本特征

| 指标 | 林业专业大户 | | | |
|---|---|---|---|---|
| | 浙江 | 江西 | 福建 | 平均 |
| 样本数量（家） | 6 | 17 | / | / |
| 家庭人口（人） | 4 | 5 | / | 5 |
| 家庭劳动力（人） | 3 | 3 | / | 3 |
| 家庭从事林业生产劳动力（人） | 2 | 1 | / | 2 |
| 家庭经营林地面积（亩） | 225 | 325 | / | 275 |
| 家庭转入林地面积（亩） | 186 | 298 | / | 242 |
| 家庭总收入（万元） | 23.3 | 20.7 | / | 22.0 |
| 其中：林业收入比例（%） | 72 | 37 | / | 54 |

## （三）林业产业发展及其对周边农户的带动效应

本节基于实地调研数据，分别从林业新型主体就业岗位供给及其对普通农户就业与收入结构视角，来考察林业产业发展的带动效应。

### 1. 林业企业就业岗位供给情况

表6-9为林业企业整体就业岗位供给情况，从表6-9可以发现：

（1）从样本企业就业岗位供给能力来看，总体而言，福建省样本企业就业供给数量最多，达到300个，浙江省居中为159个，江西省最弱为108个，说明福建省林业企业平均规模最大，就业岗位供给能力强。

（2）从样本企业对周边农户的就业带动作用来看，浙江和江西林业企业带周边农户就业能力较强，本地员工数量超过企业员工数量的50%，福建省相对较弱，本地员工数量占企业员工数量约为1/4。

表6-9  样本林业企业就业岗位供给特征  （人）

| 指标 | 浙江 | 江西 | 福建 | 三省平均 |
| --- | --- | --- | --- | --- |
| 员工数量 | 159 | 108 | 300 | 189 |
| 固定员工人数 | 142 | 89 | 210 | 147 |
| 本地固定员工人数 | 81 | 65 | 56 | 67 |
| 本地临时员工人数 | 16 | 23 | 38 | 26 |

表6-10为不同规模林业企业就业岗位供给情况。从表6-10可以看出，总体上来看，规模越大企业，创造就业能力越强，但就业带动周边农户就业的比例来看，规模以下企业带动效果反而更为明显。

表6-10  不同规模林业企业就业岗位供给特征  （人）

| 指标 | 规模以上企业 | 规模以下企业 |
| --- | --- | --- |
| 员工数量 | 344 | 42 |
| 固定员工人数 | 306 | 24 |
| 本地固定员工人数 | 125 | 15 |
| 本地临时员工人数 | 34 | 14 |

### 2. 其他类型新型林业经营主体就业岗位供给情况

表6-11为林业合作社、家庭林场和林业专业大户就业岗位供给情况，从表6-11可以发现：

（1）从单个主体的就业供给能力来看，合作社的就业供给能力整体上要强于家庭林场和专业大户，这与林业合作社整体规模较大，而且林业合作社主要依靠雇工经营，而家庭林场和林业专业大户主要依靠自家劳动投入有关。

（2）家庭林场对当地农户就业贡献值得重视。尽管单个家庭林场就业供给能力不如合作社，但是家庭林场因为产权结构清晰，经营机制较为灵活，是未来林业新型主体的主导力量，且带动就业能力较强。

表 6-11 其他类型新型林业经营主体就业岗位供给情况

| 省份 | 指标 | 合作社 | 家庭林场 | 专业大户 |
|---|---|---|---|---|
| 浙江 | 2019年雇工数量（工日） | 1106 | 935 | 688 |
| | 雇佣当地劳动力（人） | 29 | 21 | 4 |
| | 雇佣本地临时劳动力（人） | / | 11 | 4 |
| | 雇佣当地劳动力工资支出（万元） | 46 | 8 | 5 |
| 江西 | 2019年雇工数量（工日） | 2235 | 1515 | 833 |
| | 雇佣当地劳动力（人） | 35 | 36 | 12 |
| | 雇佣本地临时劳动力（人） | / | 27 | 7 |
| | 雇佣当地劳动力工资支出（万元） | 18 | 16 | 7 |
| 福建 | 2019年雇工数量（工日） | 4341 | 921 | / |
| | 雇佣当地劳动力（人） | 27 | 13 | / |
| | 雇佣本地临时劳动力（人） | / | 18 | / |
| | 雇佣当地劳动力工资支出（万元） | 23 | 11 | / |

### 3. 普通对林业产业发展的依赖程度：农户就业与收入结构视角

前文从新型林业经营主体视角，分析了其就业供给能力。本节着重从普通农户视角，考察其对林业产业发展的依赖程度。表6-12为普通农户林业相关就业与收入情况。从表6-12可以发现，即便在浙江、福建、江西林业发达省份与林业发达县市，普通农户对林业的依赖程度并不高，换句话说，林业产业对周边普通农户收入与就业的带动效应并不十分明显。具体而言，重点林权普通农户林业收入占家庭收入比例平均仅为15.3%，其中，最高的是福建省为24.5%，其次是江西省为12.1%，浙江省仅为9%；普通农户对林业就业依赖更弱，平均每户从事林业相关打工人数仅为0.1人。

表 6-12 样本农户林业就业与收入特征

| 指标 | 浙江 | 江西 | 福建 | 三省平均 |
|---|---|---|---|---|
| 家庭劳动力数量 | 2.66 | 2.90 | 2.71 | 2.73 |
| 从事林业相关打工人数（人） | 0.14 | 0.10 | 0.06 | 0.10 |
| 从事本地林业相关打工人数（人） | 0.13 | 0.10 | 0.06 | 0.10 |
| 家庭总收入（元） | 141793 | 58668 | 78274 | 92912 |
| 其中：林业收入比例（%） | 9.00 | 12.08 | 24.74 | 15.27 |
| 林业相关打工收入比例（%） | 5.82 | 6.21 | 3.04 | 5.02 |
| 本地林业相关打工收入比例（%） | 3.56 | 2.42 | 2.39 | 2.79 |

### 4. 林业经营主体带动效应的空间差异分析

林业经营主体发展对周边农户带动效应具有空间差异性，本小节以农户所在村庄是否有新型林业经营主体，将农户进行分组比较，来反映新型林业经营主体发展带动作用的空间差异。

表6-13为不同组别农户收入与就业结构差异情况。可以看出：

（1）所在村有新型林业经营主体的样本农户，其家庭从事林业劳动以及从事林业相关打工的比例，明显高于所在村没有新型林业经营主体的样本农户。具体而言，所在村有新型林业经营主体的样本农户，家庭从事林业劳动力数量为1.50人，其中从事林业打工约为0.11人；而所在村没有新型林业经营主体的样本农户，家庭从事林业劳动力数量为1.21人，其中从事林业打工约为0.05人。说明新型林业经营主体对所在村庄的劳动力就业带动效果更为明显。

（2）所在村有新型林业经营主体的样本农户，家庭收入水平明显高于所在村没有新型林业经营主体的样本农户。具体而言，所在村有新型林业经营主体的样本农户家庭平均收入为114758元，所在村没有林业新型主体的样本农户家庭平均收入仅为70295元，前者比后者高出63.25%；同时，两组农户林业打工收入占比有一定差异，分别是3.82%和2.62%。说明新型林业经营主体发展不仅对当地农户就业有带动作用，更为重要因为林业产业发展，直接或接近提高家庭收入水平。

表6-13 新型林业经营主体带动效应的空间差异

| 指标 | 本村有新型林业经营主体的样本农户 | 本村没有新型林业经营主体的样本农户 |
| --- | --- | --- |
| 家庭人口数量（人） | 4.34 | 4.62 |
| 家庭劳动力数量（人） | 2.80 | 2.57 |
| 家庭从事林业劳动力人数（人） | 1.50 | 1.21 |
| 其中，林业相关打工人数（人） | 0.11 | 0.05 |
| 本地林业相关打工（人） | 0.10 | 0.05 |
| 家庭总收入（元） | 114758 | 70295 |
| 其中：林业收入比例（%） | 27.03 | 26.71 |
| 林业相关打工收入比例（%） | 3.82 | 2.62 |

# 问题与建议

## 一、主要问题

本节基于实地调研数据，就林业经营（一产）与林产品加工业（二产）发展面临的主要问题，作一简要梳理。

### （一）林业经营面临的主要问题

**1. 林地流转市场发育程度不高**

建立发达林地流转市场，是促进林地流转，实现适度规模经营与新型林业经营主体发育，从而提高林业现代化水平的前提条件。然而，实地调查数据表明，目前样本省份林地流转市场整体发育水平并不高，见表6-14。从林地转入情况来看，浙江、江西、福建三省有转入林地的农户数量平均仅为15户，占样本农户总数的14.07%，户均转入面积仅为6.84亩；转入林地面积占经营面积的比例平均为61.12%。从林地转出情况来看，三省有转出林地的户数平均仅4户，占样本总数的3.99%，户均转出林地面积仅为0.39亩。

表 6-14　样本林农林地流转情况

| 项目名称 | 浙江 | 江西 | 福建 | 平均 |
|---|---|---|---|---|
| 林地转入农户（户） | 20 | 11 | 15 | 15 |
| 转入户占比（%） | 14.08 | 14.29 | 13.89 | 14.07 |
| 户均转入面积（亩） | 2.43 | 9.44 | 10.79 | 6.84 |
| 林地转出农户（户） | 11 | 1 | 1 | 4 |
| 转出户占比（%） | 7.80 | 1.30 | 0.93 | 3.99 |
| 户均转出面积（亩） | 0.89 | 0.01 | 0.01 | 0.39 |
| 转入户转入林地占其经营林地面积比例（%） | 63.73 | 61.46 | 57.40 | 61.12 |

## 2. 林业经营效益呈现持续下滑态势

近年来，由于劳动用工成本、林地成本和林业生产资料成本不断上涨，导致林业生产总成本逐年上升，与此同时，林产品市场销售价格则相对稳定甚至有所下降，导致林业经营利润空间逐渐缩小。以浙江省特色经济林山核桃为例，从2000年到2018年，山核桃投入产出比（即"产值：成本"）连续下降，从2000年的1.24∶1下降到2018年的1.04∶1，山核桃经营利润空间被进一步压缩（图6-15）。其他林产品经营也面临同样压力。

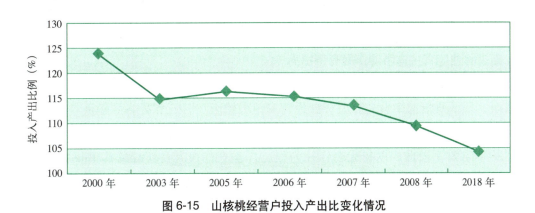

图 6-15　山核桃经营户投入产出比变化情况

## 3. 林业生产技术装备相对落后

现代林业发展需要现代林业技术与装备，特别是随着劳动力成本不断攀升的，通过采用林业技术装备，实现"机器换人"，节约成本显得尤为迫切。但调研发现，目前林业生产过程中，特别是在经济林经营与管理中，林业机械使用比例普遍很低，其中，机械采收的比例不到1%，见表6-15。客观上来说，这与林业经营作业环境复杂，一般机械装备难以适应林业生产有关，但也与长期以来，林业机械装备研发受重视程度不够有关。比如，在竹笋经营中，经营者（特别是规模经营者）迫切需要竹笋探测定位设备，以提高挖笋效率，降低成本，但市场上却没有相应的设备供给。

表 6-15　林农经济林果采收方式对比　　　　　　　　　　　　　　　　%

| 采收方式 | 浙江 | 江西 | 福建 | 平均 |
|---|---|---|---|---|
| 人工采收 | 99.38 | 100.00 | 98.88 | 99.42 |
| 机械采收 | 0.62 | 0.00 | 1.12 | 0.58 |

### 4. 林业社会化服务组织体系建设有待加强

建立高效的林业生产性服务体系是实现林业分工，提高生产效率的重要途径，也是现代林业发展的主要标志之一。然而，实地调研表明，当前林业社会化服务体系建设尚十分薄弱。从林业社会化服务供给来看，样本乡镇林业社会化服务组织平均仅为1.46家，其中，福建相对较高为2.83家，浙江与江西分别只有0.25家和0.33家。从林农购买林业社会化服务情况来看，三省林农近3年购买过林业生产服务的农户占样本总数的比例仅为12.66%，且主要集中在造林环节，见表6-16。

表6-16 林农购买林业生产服务情况

| 项目名称 | 浙江 | 江西 | 福建 | 平均 |
| --- | --- | --- | --- | --- |
| 乡镇林业服务组织家数（家） | 0.25 | 0.33 | 2.83 | 1.46 |
| 购买林业生产服务户数（户） | 22 | 14 | 18 | 18 |
| 占比（%） | 12.35 | 11.67 | 13.95 | 12.66 |
| 其中：造林环节（%） | 18.18 | 42.86 | 72.22 | 44.42 |
| 抚育环节（%） | 40.91 | 21.43 | 11.11 | 24.48 |
| 采伐环节（%） | 18.18 | 21.43 | 16.67 | 18.76 |
| 采摘环节（%） | 18.18 | 7.14 | 0 | 8.44 |
| 其他环节（%） | 4.55 | 7.14 | 0 | 3.90 |

### 5. 新型林业经营主体带动作用有待提高

发展新型林业经营主体是提高林业经营组织化程度，带动周边农户就业增收的重要途径。然而，从调研情况来看，新型林业经营主体数量较少，三省样本乡镇新型林业经营主体平均数量仅为2.69家；新型林业主体发展对周边农户就业收入有一定带动作用，但对周边农户的带动效应较弱。以林业合作社为例，样本农户加入合作社的比例仅为31.79%，在参加合作社的林农中，认为林业合作社作用一般和不大的林农占比达到37.45%。见表6-17。

表6-17 林农对林业合作社的满意度

| 项目名称 | 浙江 | 江西 | 福建 | 平均 |
| --- | --- | --- | --- | --- |
| 乡镇新型林业经营主体家数（家） | 4.33 | 2.39 | 1.56 | 2.69 |
| 加入林业合作社户数（户） | 51 | 45 | 38 | 45 |
| 占比（%） | 28.65 | 37.5 | 29.23 | 31.79 |
| 其中：认为合作社作用较大（%） | 70.59 | 64.44 | 52.63 | 62.55 |
| 认为合作社作用一般（%） | 19.61 | 22.22 | 34.21 | 25.35 |
| 认为合作社作用不大（%） | 9.8 | 13.33 | 13.16 | 12.1 |

### 6. 金融保险支持政策有待进一步优化

林业金融保险是保障林业产业健康发展的重要支撑，尽管浙江、江西、福建三省均出台了相应林业金融保险支持政策。但从调研情况来看，相关政策效果较为有限。调研数据表明，虽然调研样本地区开展林业金融保险业务已有多年，但样本农户对林权抵押贷款的知晓率仅为57.16%，在知晓的林农中，近3年申请过林权抵押贷款比例仅为15.59%，见

表6-18。样本农户对林业保险的知晓率仅为54.04%；近3年发生过购买森林保险比例仅为25%，见表6-19。

表 6-18　林权抵押贷款覆盖及林农贷款情况

| 项目名称 | 浙江 | 江西 | 福建 | 平均 |
| --- | --- | --- | --- | --- |
| 知晓林权抵押贷款覆盖农户数（户） | 66 | 41 | 80 | 62 |
| 占比（%） | 46.81 | 53.25 | 71.43 | 57.16 |
| 其中：申请过林权抵押贷款占比（%） | 6.06 | 21.95 | 18.75 | 15.59 |
| 未申请过林权抵押贷款占比（%） | 93.94 | 78.05 | 81.25 | 84.41 |

表 6-19　森林保险覆盖及林农购买情况

| 项目名称 | 浙江 | 江西 | 福建 | 平均 |
| --- | --- | --- | --- | --- |
| 知晓森林保险覆盖农户数（户） | 90 | 42 | 49 | 60 |
| 占比（%） | 63.83 | 54.55 | 43.75 | 54.04 |
| 其中：购买森林保险比例（%） | 38.89 | 59.52 | 55.1 | 51.17 |
| 未购买森林保险比例（%） | 61.11 | 40.48 | 44.9 | 48.83 |

## （二）竹木加工业发展面临的主要问题

竹木加工业是林业增值的主要环节，对于带动当地林农增收、就业以及林业第一产业发展均具有重要作用。本节基于实地调研数据，对当前竹木加工业发展面临的主要问题作一简要分析。

### 1. 原材料对外依存度大，供应链稳定性较低

从某种意义上说，竹木加工业是资源消耗性产业，稳定的原料来源是产业健康持续发展的基础。表6-20为调研样本企业外来原材料情况，可以看出，竹木加工企业原材料对外依赖程度普遍偏高。具体而言，竹木加工、木本油料加工和其他林业企业外来原料（县域以外）占比分别达到92%、86%和85%；其中，86家竹木加工企业中，有26家企业原料依赖进口，有17家企业原料对外依存度达100%。

表 6-20　企业外来原料情况

| 指　标 | 竹木加工（家） | 木本油料加工（家） | 其他企业（家） |
| --- | --- | --- | --- |
| 外来原料：<50% | 4 | 4 | 0 |
| 外来原料：50%~90% | 0 | 2 | 1 |
| 外来原料：>90% | 28 | 4 | 3 |
| 外来原料：100% | 12 | 2 | 0 |
| 外来原料平均比例（%） | 92 | 86 | 85 |
| 有原料进口（家） | 26 | 0 | 0 |
| 原料进口：100% | 17 | 0 | 0 |
| 进口原料平均比例（%） | 86 | 0 | 0 |

在调研样本企业中，有78%的竹木加工企业也认为，原材料供应是影响企业经营的重要因素，只有11%的企业认为原材料的供应对企业经营来说影响不大，见表6-21。

表 6-21　原材料供给对企业发展的影响

| 问题 | 选项 | 企业数量（家） | 比例（%） |
|---|---|---|---|
| 原材料供给对企业发展的影响 | 1=很大 | 18 | 40.00 |
| | 2=大 | 14 | 31.11 |
| | 3=较大 | 3 | 6.67 |
| | 4=一般 | 5 | 11.11 |
| | 5=不大 | 5 | 11.11 |

需要指出的是，依赖外来原料发展竹木加工产业，在一定程度上可以缓解对当地资源不足与保护压力，但是随着各国生态保护意识不断加强，全球范围内木材出口限制日益增强，原材料供应链稳定性较低，对行业长期发展不利。

**2. 企业人才素质偏低，技术性人才尤为匮乏**

企业人才特别是技术性人才，是企业生存发展与获得竞争优势的核心要素，随着工业4.0的快速推进，企业技术人才竞争更趋激烈，林业加工业人才劣势较为明显。表6-22为竹木加工企业员工学历和职称结构情况。从整体来看，竹木加工企业人才素质偏低；从员工学历结构来看，初中及以下学历占56.0%，大学本科以上仅占13.3%。从员工技术职称结构来看，平均每家企业仅有1名高级职称、4名中级职称和7名初级职称员工。

表 6-22　竹木加工企业员工平均学历和职称水平情况

| 指标 | 数值 | 指标 | 数值 |
|---|---|---|---|
| 初中及以下学历比例（%） | 56.0 | 高级职称人数（人） | 1 |
| 高中和中专学历比例（%） | 30.7 | 中级职称人数（人） | 4 |
| 大学本科学历比例（%） | 12.8 | 初级职称人数（人） | 7 |
| 研究生学历比例（%） | 0.5 | | |

调研企业中有77%认为人才对企业发展有重要影响，其中，技术人才难引进、员工不稳定是当前面临的主要问题，比例分别达到60%和19%，见表6-23。

表 6-23　企业人才需求问题

| 指标 | 选项 | 数量（家） | 比例（%） |
|---|---|---|---|
| 在人才方面，目前存在的问题或困难 | 1=员工不稳定 | 5 | 12 |
| | 2=技术人才难引进 | 26 | 60 |
| | 3=工资上涨快 | 8 | 19 |
| | 4=其他 | 4 | 9 |
| | 合计 | 43 | 100 |
| 人才对企业发展的影响 | 1=很大 | 16 | 34 |
| | 2=大 | 12 | 26 |
| | 3=较大 | 8 | 17 |
| | 4=一般 | 2 | 4 |
| | 5=不大 | 9 | 19 |
| | 合计 | 47 | 100 |

### 3. 环境约束日益增强，经营成本快速上涨

随着我国绿色发展理念的确立和高质量发展战略的逐步推进，竹木加工企业面临的环境约束日益增强，企业经营成本不断上涨，甚至面临关停。以浙江省安吉县竹加工产业为例，由于环境整治要求的不断提高，企业经营成本与生产压力剧增。据测算，按照新的环保政策要求，企业每加工100斤[①]原竹的废水处理成本为0.26元，每家小微竹拉丝企业因此每年需要额外增加处理成本5.26万元。另外，按环保政策要求，所有企业需要完成锅炉改造，禁止以竹粉等加工剩余物为燃料，转而统一使用轻质能源，不仅直接增加了企业燃料成本支出，也使得竹粉等加工剩余物，真的成为废料（竹粉价格从高峰时期的400元/吨，下降到2019年140元/吨），间接减少了竹加工企业收入。据不完全统计，安吉县竹木加工企业数量已由高峰时期的3000多家，下降到2019年的1400余家，大量中小竹木加工企业关停或向外地搬迁。

### 4. 产品销售渠道有待完善，产品出口受限风险增加

市场是决定企业生存与发展关键。表5.11为调研加工企业产品市场渠道情况。从6-24表可以看出，拥有自有品牌的企业为41家，占比为85.4%；建立自行营销渠道的企业38家，占比为79.2%；有网上营销平台企业为19家，占比39.6%；有产品销往海外市场的企业19家，占比39.6%，其中，海外市场占比超过50%的有6家。

总体而言，目前竹木加工企业市场销售渠道尚比较传统，需要根据新的经济环境，优化市场销售渠道，提升市场营销手段，特别是需要更多的建立网上销售平台，降低销售成本与地域限制。需要指出的是，自2018年中美发生贸易摩擦以来，出口导向企业经营受到较大冲击，出口跌幅为20%～80%。更加值得关注的是，随着此次新冠疫情的全球蔓延，出口导向企业将会面临更为严重的挑战。

表6-24 竹木加工企业产品销售情况

| 问题 | 选项 | 数量（家） | 比例（%） | 问题 | 选项 | 数量（家） | 比例（%） |
| --- | --- | --- | --- | --- | --- | --- | --- |
| 是否拥有自有品牌 | 有 | 41 | 85.42 | 产品出口比例 | ≥50% | 6 | 12.50 |
|  | 没有 | 7 | 14.58 |  | 0 | 6 | 12.50 |
| 是否有自行营销渠道 | 有 | 38 | 79.17 | 本省外县销售比例 | 0～50% | 13 | 27.08 |
|  | 没有 | 10 | 20.83 |  | ≥50% | 22 | 45.83 |
| 是否有网上销售平台 | 有 | 19 | 39.58 |  | 0 | 18 | 37.50 |
|  | 没有 | 29 | 60.42 | 本县销售比例 | 0～50% | 18 | 37.50 |
| 产品出口比例 | 0 | 27 | 56.25 |  | ≥50% | 5 | 10.42 |
|  | 0～50% | 13 | 27.08 |  |  |  |  |

## 二、促进林业产业转型发展的对策与建议

### （一）加大林业新型主体培育，推进林业适度规模经营

如何将农户手中分散的林地资源进行适度集中，提高林地产出效率，实现生态与产业协调发展，是我国未来林业发展面临的重要课题。尽管，目前各省均已出台相关政策，积极鼓励新型林业经营主体发展与壮大，促进林地流转，也取得了一定成效。但总体上来说，现有

---

① 1斤=500克。

林业新型主体数量仍然偏少，林地流转市场并不活跃，新型主体对周边农户有带动作用，但作用有限。

未来政府应进一步加大对发展有良好发展潜力的林业新型主体培育力度。一是鉴于不同新型主体发展绩效及其带动作用存在明显差异，作者认为未来在继续加强对林业加工企业发展支持的同时，重点加强对家庭林场和专业大户等产权结构清晰、经营绩效良好的新型经营主体的扶持。二是进一步加强林地流转市场建设，促进林地资源自愿有偿适度集中，特别是充分发挥村级组织在林地流转市场建设中的作用，降低林地流转交易成本。

### (二) 加强创新研发支持力度，提升行业技术与装备水平

现代化的技术装备是现代林业发展的重要标志。在当前劳动力成本不断攀升的背景下，使用林业现代技术装备对于规模经营主体，显得尤为重要与迫切。但现实中，无论是一产经营还是二产加工目前林业技术装备水平依然很低。

政府应重点加强对林业技术创新研发的支持力度，尽快提升林业生产技术装备水平。一是要加强优质特色林产品选育与推广的支持力度，以满足人们对优质林产品的需求，从而提高林业经营效益。二是要加强针对重点领域与产品，适用性机械设备研发支持，提高林业经营重点环节的机械化水平，降低劳动力成本快速生产对林业经营产生的不利影响。三是适应工业4.0发展战略和线上消费快速发展趋势，加强对林业新型主体数字化转型的支持力度，特别是要加强林产品电商的发展。

### (三) 推进一、二、三产业融合发展，提升林业发展综合效益

林业既是基础性产业，更是重要的公益性行业。随着经济社会的不断发展，以及人民消费结构的不断提升，林业部门对国民经济发展的直接经济贡献率在不断下降，但与此同时人们对林业生态服务需求和支付意愿与日俱增。

未来林业发展应该打破一、二、三产业各自独立发展的思路，出台政策鼓励林业一、二、三产业融合发展，提升林业发展综合效益。一是基于林业在生态服务供给方面的天然优势，大力加强森林旅游、森林康养等产业发展，鼓励有条件的林业新型主体，积极打造林业综合体，实现一、二、三产业整体协调发展。二是以县域为单位，选择1~2个特色林业产品品种，着力打造特色林产品种植-加工-销售全产业链，拉长林产品产业链，提升林产品增值空间，增强林业产业发展的带动效应。

### (四) 加强社会化服务体系建设，优化林业政策支持体系

完善的社会服务体系与高效的政策支持体系，是提升林业经营主体经营能力，降低经营成本，提高林业经营效益的重要保障。一方面，我国目前林业社会化服务体系尚处于刚刚起步阶段，为数不多的林业社会化服务组织也主要集中在造林环节；与农业领域相比尚存在较大差异。另一方面，我国目前的林业支持政策，特别是林业金融与保险政策，与还没有发挥预期效应。

未来政府一方面要加强林业社会化化服务组织发展的支持力度，尽快建立适应林业产业特点的社会化服务组织体系，特别是要鼓励社会资本参与林业社会化服务供给。另一方面，应该加强林业金融与保险产品创新，开发差异化金融保险产品，以满足不同类型不同特点林

---

② 指年主营业务收入人民币2000万元及以上的全部工业企业。

业新型林业主体的个性化需求。

### (五) 尽快出台支持激励政策，降低疫情冲击影响

尽管，目前林业经营主体复工复产率较高，且经营主体对未来生产经营有较强的信心，但是随着疫情在全球范围的蔓延并持续恶化，疫情对包括林业在内的实体经济的冲击已不可避免，而且影响范围之广，影响程度之深，可能大大超出原有预期。

一是政府应该密切关注疫情发展态势，及时出台扶持与激励政策，帮助林业经营主体复工复产，加强林业产业链上下游协同复产。二是政府应确实落实各项减税降费措施，及时为林业经营主体提供金融信贷服务，降低林业经营成本。三是林业经营主体本身，要尽快拓展国内市场，建立网上交易平台或渠道，以适应后疫情时期，生产销售模式转变。

# 南方

## 集体林区林业产业对农民收入和就业的影响分析

**2019**
集体林权制度改革监测报告

根据2019年国家林业和草原局经济发展研究中心"新阶段集体林权制度改革监测工作方案"的总体思路，同时基于我国南方集体林区林业产业的发展现状及江西集体林区林业产业对脱贫攻坚的贡献经验，课题组选择江西、福建、湖南、云南等四省为研究对象，开展"南方集体林区林业产业对农民收入和就业的影响分析"专题研究，从省级、县级、村级等不同角度分析林业产业发展情况，并对林农林业就业、林业收入结构和演变规律进行总结，分析了南方集体林区林业产业对农民收入和就业的影响，在此基础上剖析林业产业发展存在的问题因素，提出对策建议。

# 林业产业总体发展状况

## 一、森林资源不断增长

集体林改以来，森林资源不断增长。以江西省为例，据江西省第九次森林资源清查结果，截至2016年年底，全省土地总面积1669.46万公顷，其中，林地面积1079.90万公顷，占64.69%；森林面积1021.02万公顷，占林地面积的94.55%，森林覆盖率61.16%。全省活立木总蓄积57564.29万立方米，其中森林蓄积50665.83万立方米，占88.01%。

集体林改以来，江西崇义、信丰、遂川、永丰、乐安、黎川、宜丰、武宁、德兴、铅山10个样本县林业资源持续增长。如表7-1所示，2017年监测样本县林地总面积2882.67万亩，与林改前（2004年）相比增长了4.65%；其中，集体林地2477.33万亩，与林改前相比增长了11.64%；集体林中商品林占74.15%，公益林占25.85%。2017年，森林覆盖率平均达74.51%，与林改前相比增长13.50个百分点，森林蓄积总量10199.01万立方米，与林改前相比增长了79.76%。

表7-1 林改前后样本县林业资源状况

| 类 别 | 2004年（林改前） | 2009年 | 2017年 |
|---|---|---|---|
| 林地面积（万亩） | 2754.69 | 2778.52 | 2882.67 |
| 集体林地面积（万亩） | 2219.02 | 2232.71 | 2477.33 |
| 其中：商品林（万亩） | 1418.84 | 1557.35 | 1836.98 |
| 公益林（万亩） | 800.18 | 675.36 | 640.35 |
| 森林覆盖率（%） | 61.01 | 71.54 | 74.51 |
| 森林蓄积总量（万立方米） | 5673.65 | 6312.82 | 10199.01 |

林改后林农户均林地面积也明显增加。监测数据显示（见表7-2），江西集体林区林改前500个样本林农户均林地面积为70.18亩，户均林地块数为3.49块。林改后由于原来集体林地分山到户，农户林地面积有了较大增长，2009年户均林地面积为103.54亩，户均林地块数为4.17块。2009–2011年，农户林地面积略有减少，这可能是由于林改后农户林地流出的影响。2012–2017年，监测农户林地资源又呈增加态势，2017年，户均林地面积为124.56亩，主要原因是监测农户中林业大户增加，林地流入增多。林改以来，农户林地块数较为稳定，户均林地块数一直在四五块左右。

表 7-2  江西省样本农户林地和耕地变化状况

| 年份 | 户均林地面积（亩） | 户均林地块数（块） | 户均人口数（人） | 户均劳动力数（人） |
|---|---|---|---|---|
| 林改前（2004） | 70.18 | 3.49 | 5.27 | 3.05 |
| 2009 | 103.54 | 4.17 | 5.22 | 3.07 |
| 2010 | 97.38 | 4.72 | 5.30 | 3.00 |
| 2011 | 93.83 | 5.00 | 5.10 | 3.00 |
| 2012 | 98.39 | 4.49 | 5.10 | 3.10 |
| 2013 | 102.70 | 5.37 | 5.14 | 3.11 |
| 2014 | 102.18 | 4.60 | 5.21 | 2.92 |
| 2015 | 114.53 | 4.72 | 5.25 | 3.21 |
| 2016 | 120.59 | 4.65 | 4.82 | 2.82 |
| 2017 | 124.56 | 4.97 | 4.82 | 2.71 |

从表7-3可看出，四省样本农户林地资源存在一定差异。2017年，江西省样本农户户均林地面积最高，为124.56亩，湖南省样本农户户均林地面积最低，为32.31亩，并且湖南省样本农户林地细碎化程度最高，平均每块林地为7.77亩，江西省农户林地细碎化程度最低，平均每块林地为25.06亩。

表 7-3  2017 年集体林区四省样本农户林地和耕地情况

| 省份 | 户均林地面积（亩） | 户均林地块数（块） | 户均人口数（人） | 户均劳动力数（人） |
|---|---|---|---|---|
| 福建 | 35.68 | 2.53 | 2.99 | 1.57 |
| 江西 | 124.56 | 4.97 | 4.82 | 2.71 |
| 湖南 | 32.31 | 4.16 | 4.11 | 2.02 |
| 云南 | 51.72 | 3.48 | 3.92 | 2.23 |

## 二、林业产业不断壮大，产业结构逐渐优化

### （一）林业产业对地区生产总值的贡献持续增长

集体林区林业产业总值是地区生产总值（GDP）的一个重要组成部分，2009–2019年，林业总产值持续稳定的增长，林业总产值占GDP的比例持续增长（见表7-4）。2009–2019年林业产值占GDP比呈持续上升态势，从2009年的9.64%逐渐攀升至2017年的15.24%高峰，2019年占比为14.40%。2017年，江西省林业产值占GDP比例达20.85%（图7-1）。因此加快发展集体林区林业产业是推动乡村产业兴旺一个不可忽视的增长点。

表 7-4  集体林区四省林业产业总值和地区生产总值                                                亿元，%

| 年份 | 地区生产总值 | 林业产业总值 | 比例 | 年份 | 地区生产总值 | 林业产业总值 | 比例 |
|---|---|---|---|---|---|---|---|
| 2009 | 39121.15 | 3772.17 | 9.64 | 2015 | 85224.98 | 12070.31 | 14.16 |
| 2010 | 47450.52 | 4356.60 | 9.18 | 2016 | 93299.37 | 13557.32 | 14.53 |
| 2011 | 57825.68 | 6012.22 | 10.40 | 2017 | 102467.70 | 15611.83 | 15.24 |
| 2012 | 65114.36 | 7475.21 | 11.48 | 2018 | 112095.02 | 16900.76 | 15.07 |
| 2013 | 72320.72 | 9184.99 | 12.70 | 2019 | 130127.60 | 18738.77 | 14.40 |
| 2014 | 79622.30 | 10310.36 | 12.95 | | | | |

数据来源：2009–2018 年《中国林业统计年鉴》和相关部门统计数据。

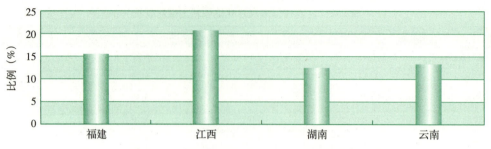

图7-1 2017年四省林业产值占GDP比例对比

### (二)林业产业结构不断优化

2009-2017年产业结构如表7-5所示,从三次产业结构的占比来看:第二产业的比例最大,其次是第一产业,第三产业的比例最小。2017年,林业三产的比例为:31.27:49.75:18.98。从三次产业结构的动态变化来看:第一产业的比例逐渐减小;第二产业的比例呈起伏波动,总体变化不大;第三产业的比例逐渐增加。

表7-5 集体林区四省林业产业结构变化情况  万元,%

| 年份 | 类型 | 总计 | 第一产业 | 第二产业 | 第三产业 |
|---|---|---|---|---|---|
| 2009 | 产值 | 37721730 | 14901421 | 18706721 | 4113588 |
|  | 比例 | 100.00 | 39.50 | 49.59 | 10.91 |
| 2010 | 产值 | 43565986 | 16299739 | 21962926 | 5303321 |
|  | 比例 | 100.00 | 37.41 | 50.41 | 12.17 |
| 2011 | 产值 | 60122159 | 21052591 | 32450095 | 6619473 |
|  | 比例 | 100.00 | 35.02 | 53.97 | 11.01 |
| 2012 | 产值 | 74752118 | 25880644 | 39433267 | 9438207 |
|  | 比例 | 100.00 | 34.62 | 52.75 | 12.63 |
| 2013 | 产值 | 91849911 | 30432306 | 49215121 | 12202484 |
|  | 比例 | 100.00 | 33.13 | 53.58 | 13.29 |
| 2014 | 产值 | 103103611 | 29313689 | 58272434 | 15517488 |
|  | 比例 | 100.00 | 28.43 | 56.52 | 15.05 |
| 2015 | 产值 | 120703080 | 37867527 | 63761313 | 19074240 |
|  | 比例 | 100.00 | 31.37 | 52.82 | 15.80 |
| 2016 | 产值 | 135573195 | 41895502 | 70336823 | 23340870 |
|  | 比例 | 100.00 | 30.90 | 51.88 | 17.22 |
| 2017 | 产值 | 156118327 | 48811455 | 77676039 | 29630833 |
|  | 比例 | 100.00 | 31.27 | 49.75 | 18.98 |

比较南方四省林业产值及产业结构可发现(见表7-6),福建林业总产值最高,其次是湖南,江西林业总产值紧随其后,云南林业总产值最低。从各省产业结构来看,四省第一产业产值相差并不大,四省林业总产值的差异主要在于第二产业和第三产业的差异。林业总产值主要取决于第二产业和第三产业的贡献。从产业结构来看,福建省第二产业和第三产业所占的比例最高,为81.98%;云南省第二产业和第三产业所占比例最低,为33.33%。

表 7-6  2017年集体林区四省林业产业结构的对比　　　　　　　　　　　万元，%

| 省份 | 类型 | 总计 | 第一产业 | 第二产业 | 第三产业 |
|---|---|---|---|---|---|
| 福建 | 产值 | 50023989 | 9012040 | 38166593 | 2845356 |
|  | 比例 | 100.00 | 18.02 | 76.30 | 5.69 |
| 江西 | 产值 | 41709515 | 11400985 | 19678616 | 10629914 |
|  | 比例 | 100.00 | 27.33 | 47.18 | 25.49 |
| 湖南 | 产值 | 42554880 | 13844531 | 14673982 | 14036367 |
|  | 比例 | 100.00 | 32.53 | 34.48 | 32.98 |
| 云南 | 产值 | 21829943 | 14553899 | 5156848 | 2119196 |
|  | 比例 | 100.00 | 66.67 | 23.62 | 9.71 |

### （三）林业第一产业以经济林产品的种植与采集为主

林业第一产业主要从林木的培育和种植、木材和竹材采运、经济林产品的种植与采集、花卉的种植、陆生野生动物繁育与利用五类产业产值分析产业内部结构的变化（表7-7）。

表 7-7  集体林区四省林业第一产业结构变化情况　　　　　　　　　　　万元，%

| 年份 | 类型 | 林木的培育和种植 | 木材和竹材的采运 | 经济林产品的种植与采集 | 花卉种植 | 陆生野生动物繁育与利用 |
|---|---|---|---|---|---|---|
| 2009 | 产值 | 2278837 | 2446559 | 7596706 | 1228514 | 139172 |
|  | 比例 | 15.29 | 16.42 | 50.98 | 8.24 | 0.93 |
| 2010 | 产值 | 2225551 | 2629956 | 8520995 | 1498443 | 242553 |
|  | 比例 | 13.65 | 16.13 | 52.28 | 9.19 | 1.49 |
| 2011 | 产值 | 3535542 | 2849998 | 11388970 | 1779487 | 321769 |
|  | 比例 | 16.79 | 13.54 | 54.10 | 8.45 | 1.53 |
| 2012 | 产值 | 4213102 | 2981177 | 14142564 | 2800699 | 377264 |
|  | 比例 | 16.28 | 11.52 | 54.65 | 10.82 | 1.46 |
| 2013 | 产值 | 4693048 | 3198023 | 16964476 | 3454600 | 394337 |
|  | 比例 | 15.42 | 10.51 | 55.74 | 11.35 | 1.30 |
| 2014 | 产值 | 5240043 | 3458974 | 19146681 | — | — |
|  | 比例 | 17.88 | 11.80 | 65.32 | — | — |
| 2015 | 产值 | 5388313 | 3258015 | 21936445 | 5108031 | 440000 |
|  | 比例 | 14.23 | 8.60 | 57.93 | 13.49 | 1.16 |
| 2016 | 产值 | 5696788 | 3392190 | 24553817 | 5698512 | 553145 |
|  | 比例 | 13.60 | 8.10 | 58.61 | 13.60 | 1.32 |
| 2017 | 产值 | 6019860 | 3501188 | 27536126 | 7024213 | 924354 |
|  | 比例 | 12.33 | 7.17 | 56.41 | 14.39 | 1.89 |

从林业第一产业结构来看（表7-7），经济林产品的种植与采集占主导地位，2017年，其产值在第一产业中的比例占56.41%，远高于排在第二的花卉种植（2017年其比例为14.39%）；林木的培育和种植为第三，2017年其比例为12.33%；木材和竹材的采运以及陆生野生动物繁育与利用在林业第一产业产业中的占比较低。

从林业第一产业的动态变化来看，经济林产品的种植与采集一直居主导地位，并且其产值所占的比例稳步上升，其在第一产业中的比值从2009年的50.98%上升至2017年的56.41%。花卉种植也有较大增长，其比例从2009年的8.24%增长至2017年的14.39%，在第一产业中从第四位上升至第二位。野生动物繁育与利用在第一产业中的比例也有一定的增长。与此变化规律相反的是木材和竹材的采运、林木的培育和种植。2009–2017年，木材和竹材的采运在第一产业中所占的比例下降了9.25个百分点，这与近年来严格限制林木采伐的数量，实施天然林保护工程密不可分；林木的培育和种植下降了2.96个百分点。

比较南方四省林业第一产业结构可发现（表7-8），各省第一产业结构与总体产业结构相似，经济林产品的种植与采集均排在第一位。云南省经济林产品的种植与采集在第一产业中的产值和比例最高，分别为9637745万元和66.22%，湖南省经济林产品的种植与采集比例最低，但也有49.61%。其次，花卉的种植在四省的第一产业中均占有一定比例。其在第一产业中的比例较为一致，均为13%左右，仅江西省相对较高，为17.29%。

表7-8 2017年集体林区四省林业第一产业结构对比　　　　　　　　万元，%

| 省份 | 类型 | 林木的培育和种植 | 木材和竹材的采运 | 经济林产品的种植与采集 | 花卉种植 | 陆生野生动物繁育与利用 |
|---|---|---|---|---|---|---|
| 福建 | 产值 | 445254 | 1518537 | 5163067 | 1223026 | 117862 |
|  | 比例 | 4.94 | 16.85 | 57.29 | 13.57 | 1.31 |
| 江西 | 产值 | 1860765 | 729210 | 5867115 | 1970691 | 209070 |
|  | 比例 | 16.32 | 6.40 | 51.46 | 17.29 | 1.83 |
| 湖南 | 产值 | 2872397 | 641333 | 6868199 | 1915248 | 298711 |
|  | 比例 | 20.75 | 4.63 | 49.61 | 13.83 | 2.16 |
| 云南 | 产值 | 841444 | 612108 | 9637745 | 1915248 | 298711 |
|  | 比例 | 5.78 | 4.21 | 66.22 | 13.16 | 2.05 |

### （四）林业第二产业以木、竹、藤家具制造和非木质林产品加工制造为主

第二产业中选定九个子产业作为分析对象，即：木材加工、人造板制造、木制品制造、竹藤棕苇制品制造、木竹藤家具制造、木竹苇浆造纸、林产化产品制造、木质工艺品和木质文教体育用品制造、非木质林产品加工制造。

从林业第二产业结构来看（表7-9），木、竹、藤家具制造和非木质林产品加工制造居于主导地位，2017年其在第二产业中的比例分别为25.81%和17.32%；其次是造纸和木制品制造，2017年，其比例分别为14.33%和12.45%；人造板制造、竹藤棕苇制品制造、木材加工、林产化产品制造、工艺品和文教体育用品制造的比例均低于10%，2017年，其比例分别为7.30%、6.02%、4.03%、3.29%和2.48%。

从林业第二产业的动态变化来看，木、竹、藤家具制造增长态势迅猛，在第二产业中的比例从2009年的10.13%增长到2017年的25.81%，产值在第二产业中从第三位上升至第一位。非木质林产品加工制造也有显著增长，其比例从2009年的9.69%增长到2017年的17.32%，从第四位增长到第二位。木制品制造有一定的增长，从2009年的9.12%增长到2017年的12.45%，从第五位上升到第四位。与此相反，造纸产业呈下降趋势，其产值在第二产业中的比例逐渐减小，从2009年的25.60%下降到2017年的14.33%，从第一位下降到第三位，从资源保护，出版业萎缩的角度考量，造纸产业的萎缩是必然的趋势。人造板制造的产值比例也显著下降，从2009年的16.63%下降到2017年的7.30%，从第二位下降到第五位。木材加工的产值比例也明显下降，从2009年的8.23%下降到2017年的4.03%。人造板制造和木材加工属于

表 7-9　集体林区四省林业第二产业结构　　　　　　　　　　　　　万元，%

| 年份 | 类型 | 木材 | 人造板 | 木制品 | 竹藤棕苇制品 | 木竹藤家具 | 造纸 | 林产化学产品 | 工艺品和文教体育用品 | 非木质林产品 |
|---|---|---|---|---|---|---|---|---|---|---|
| 2009 | 产值 | 1538847 | 3110937 | 1705999 | 1103874 | 1895871 | 4788086 | 773687 | 750666 | 1811985 |
| | 比例 | 8.23 | 16.63 | 9.12 | 5.90 | 10.13 | 25.60 | 4.14 | 4.01 | 9.69 |
| 2010 | 产值 | 1534903 | 3369478 | 2446800 | 1516990 | 2262393 | 5266172 | 1238107 | 634395 | 1977739 |
| | 比例 | 6.99 | 15.34 | 11.14 | 6.91 | 10.30 | 23.98 | 5.64 | 2.89 | 9.00 |
| 2011 | 产值 | 2048801 | 4651730 | 3585679 | 1695753 | 3530535 | 6494612 | 2326784 | 807355 | 4895004 |
| | 比例 | 6.31 | 14.34 | 11.05 | 5.23 | 10.88 | 20.01 | 7.17 | 2.49 | 15.08 |
| 2012 | 产值 | 2345364 | 5094924 | 3677604 | 1917633 | 4816593 | 7247646 | 1618861 | 1510841 | 5463256 |
| | 比例 | 5.95 | 12.92 | 9.33 | 4.86 | 12.21 | 18.38 | 4.11 | 3.83 | 13.85 |
| 2013 | 产值 | 2793225 | 5598386 | 4721643 | 3453422 | 8869160 | 8067642 | 2058377 | 1608991 | 8355958 |
| | 比例 | 5.68 | 11.38 | 9.59 | 7.02 | 18.02 | 16.39 | 4.18 | 3.27 | 16.98 |
| 2014 | 产值 | 2990180 | 6139464 | 5934205 | 2995600 | 11597616 | 9131671 | 2100465 | 1572463 | 10347894 |
| | 比例 | 5.13 | 10.54 | 10.18 | 5.14 | 19.90 | 15.67 | 3.60 | 2.70 | 17.76 |
| 2015 | 产值 | 3142606 | 5650758 | 8754988 | 3714978 | 13347393 | 9345709 | 2149575 | 1712811 | 11592163 |
| | 比例 | 4.93 | 8.86 | 13.73 | 5.83 | 20.93 | 14.66 | 3.37 | 2.69 | 18.18 |
| 2016 | 产值 | 3491646 | 6227900 | 7335221 | 4054626 | 17499216 | 10689232 | 2455541 | 1853999 | 12170438 |
| | 比例 | 4.96 | 8.85 | 10.43 | 5.76 | 24.88 | 15.20 | 3.49 | 2.64 | 17.30 |
| 2017 | 产值 | 3132393 | 5672527 | 9673415 | 4678603 | 20051082 | 11131754 | 2557545 | 1930165 | 13452035 |
| | 比例 | 4.03 | 7.30 | 12.45 | 6.02 | 25.81 | 14.33 | 3.29 | 2.48 | 17.32 |

林业第一产业中木材和竹材采运的下游产业，而近年来采运业呈现逐年下降的形势，如木材加工和人造板制造找不到新的原料来源，那么产业规模也必将萎缩，从而失去自身的规模优势。林产化产品制造从2012年开始有明显的降幅。木质文教体育用品制造逐渐下降，这与木质文教体育用品的可替代性密不可分。竹藤棕苇制品制造变化不大，

四省林业第二产业结构相差较大（表7-10）。福建省第二产业中产业结构较为均衡，居于主要地位的是造纸、木竹藤家具、非木质林产品和木制品，分别为21.13%、18.32%、15.76%、15.73%。江西省第二产业中木竹藤家具占主导地位，占55.92%。湖南省第二产业中具有重要地位的是非木质林产品、造纸、和木竹藤家具，分别占23.76%、16.60%、11.66%。云南省第二产业则是非木质林产品占主导地位，占47.03%。

表 7-10　集体林区四省林业第二产业结构对比　　　　　　　　　　　　万元，%

| 省份 | 类型 | 木材 | 人造板 | 木制品 | 竹藤棕苇制品 | 木竹藤家具 | 造纸 | 林产化学产品 | 工艺品和文教体育用品 | 非木质林产品 |
|---|---|---|---|---|---|---|---|---|---|---|
| 福建 | 产值 | 1147783 | 2157205 | 6004572 | 3224593 | 6991141 | 8063426 | 1081963 | 1405538 | 6014552 |
| | 比例 | 3.01 | 5.65 | 15.73 | 8.45 | 18.32 | 21.13 | 2.83 | 3.68 | 15.76 |
| 江西 | 产值 | 663246 | 1405495 | 2195569 | 426787 | 11003756 | 433390 | 744752 | 255762 | 1525766 |
| | 比例 | 3.37 | 7.14 | 11.16 | 2.17 | 55.92 | 2.20 | 3.78 | 1.30 | 7.75 |
| 湖南 | 产值 | 784501 | 1547204 | 1198113 | 1001361 | 1711452 | 2435614 | 304854 | 249251 | 3486499 |
| | 比例 | 5.35 | 10.54 | 8.16 | 6.82 | 11.66 | 16.60 | 2.08 | 1.70 | 23.76 |
| 云南 | 产值 | 536863 | 562623 | 275161 | 25862 | 344733 | 199324 | 425976 | 19614 | 2425218 |
| | 比例 | 10.41 | 10.91 | 5.34 | 0.50 | 6.68 | 3.87 | 8.26 | 0.38 | 47.03 |

## (五) 林业第三产业以林业旅游与休闲服务为主

林业第三产业的结构指标主要选取了林业旅游与休闲服务、林业生态服务、林业专业技术服务、林业公共管理及其他组织服务四项（表7-11）。

表7-11 集体林区四省林业第三产业结构　　　　　　　　　　　　　　万元，%

| 年份 | 类型 | 林业旅游与休闲服务 | 林业生态服务 | 林业专业技术服务 | 林业公共管理及其他组织服务 |
|---|---|---|---|---|---|
| 2009 | 产值 | 2669505 | 492098 | 190119 | 391604 |
|  | 比例 | 64.89 | 11.96 | 4.62 | 9.52 |
| 2010 | 产值 | 3547375 | 687313 | 174897 | 425347 |
|  | 比例 | 66.89 | 12.96 | 3.30 | 8.02 |
| 2011 | 产值 | 4545601 | 780610 | 234252 | 520515 |
|  | 比例 | 68.67 | 11.79 | 3.54 | 7.86 |
| 2012 | 产值 | 6456677 | 1178552 | 247449 | 785865 |
|  | 比例 | 68.41 | 12.49 | 2.62 | 8.33 |
| 2013 | 产值 | 8527943 | 1453336 | 321141 | 860028 |
|  | 比例 | 69.89 | 11.91 | 2.63 | 7.05 |
| 2014 | 产值 | 10740071 | 1531626 | 386530 | 1014258 |
|  | 比例 | 69.21 | 9.87 | 2.49 | 6.54 |
| 2015 | 产值 | 13394915 | 1730597 | 569372 | 1203879 |
|  | 比例 | 70.23 | 9.07 | 2.99 | 6.31 |
| 2016 | 产值 | 17063494 | 1974309 | 653618 | 1155941 |
|  | 比例 | 73.11 | 8.46 | 2.80 | 4.95 |
| 2017 | 产值 | 21805858 | 2933185 | 750646 | 1235035 |
|  | 比例 | 73.59 | 9.90 | 2.53 | 4.17 |

从林业第三产业结构来看（表7-11），以林业旅游与休闲服务为主，其次是林业生态服务，第三是林业公共管理及其他组织服务，林业专业技术服务排在第四位，2017年，这四类产业类型所占的比例分别为73.59%、9.90%、4.17%、2.53%。

从林业第三产业的动态变化来看，林业旅游与休闲服务的产值呈稳定增长态势，2009-2017年，年均增长率为30.02%，高于第三产业总的发展速度（年均增长率为27.99%），在第三产业中的比例从2009年64.89%增长到2017年的73.59%，林业旅游与休闲服务是带动第三产业发展的主导产业，这与南方集体林区对林业旅游与休闲服务政策的扶持和相关基础设施的建设，以及在媒体上的宣传和影响是分不开的。林业生态服务和林业专业技术服务产值也有一定增长。林业生态服务与林业专业技术服务产值的提升说明了林业的第三产业在发展时更注重生态和专业技术的运用，这对第三产业整体的发展是有益的。但是林业生态服务和林业专业技术服务在第三产业中的比例逐渐下降显示了其发展的动力稍显不足。林业公共管理及其他组织服务产值2016年呈下降的趋势，并且在第三产业中的比例逐渐减小，这和林业体制的改革，对林业一些臃肿的公共管理部门的管理和削减有直接的联系。

四省林业第三产业内部结构与总体林业第三产业结构相似（见表7-12）。四省均值林业旅游与休闲服务占主导地位，其次是林业生态服务，第三是林业公共管理及其他组织服务。福建省第三产业中林业旅游与休闲服务的比例最高，为87.39%，云南省最低，但在第三产业中也占近一半，为49.97%。

表 7-12 集体林区四省林业第三产业结构对比　　　　　　　　　　　　　　　万元，%

| 省份 | 类型 | 林业旅游与休闲服务 | 林业生态服务 | 林业专业技术服务 | 林业公共管理及其他组织服务 |
|---|---|---|---|---|---|
| 福建 | 产值 | 2486625 | 97689 | 26088 | 99518 |
|  | 比例 | 87.39 | 3.43 | 0.92 | 3.50 |
| 江西 | 产值 | 8343526 | 1434047 | 99039 | 307966 |
|  | 比例 | 78.49 | 13.49 | 0.93 | 2.90 |
| 湖南 | 产值 | 9916813 | 1213475 | 539751 | 613820 |
|  | 比例 | 70.65 | 8.65 | 3.85 | 4.37 |
| 云南 | 产值 | 1058894 | 187974 | 85768 | 213731 |
|  | 比例 | 49.97 | 8.87 | 4.05 | 10.09 |

## 三、村级层面林业专业合作社迅速发展，新型经营主体逐渐涌现

### （一）林业专业合作社发展迅速

林业专业合作社可推进林业一产与二、三产业融合，将工业、服务业生产要素注入林业生产领域。随着林业产业的发展，也带动了林业专业合作社的发展。监测样本村林业专业合作社的数量也从无到有发展起来（图7-2），2017年，江西监测样本村共有20个林业专业合作社，其中，65.00%为林业专业合作社，35.00%为林地股份合作社。林业专业合作社中，示范社的数量占35.00%，拥有注册商标的合作社占50.00%，通过产品质量认证的合作社数量占25.00%，创办了加工实体的合作社占5.00%，承担政府涉林项目的合作社占10.00%。16个样本村拥有林业专业合作社，占样本村总数的32.00%。

2017年，福建、江西、湖南、云南四省样本村林业专业合作社的情况较为相似（见表7-13）。四省样本村林业专业合作社数量以及拥有合作社的样本村的比例相差并不大，仅云南省监测样本村中林业专业合作社的数量略多于其余三省。

图 7-2　样本村林业专业合作社数量变化情况

表 7-13　2017年四省样本村林业专业合作社情况　　　　　　　　　　　　　　　　个，%

| 省份 | 合作社数量 | 拥有合作社样本村比例 | 省份 | 合作社数量 | 拥有合作社样本村比例 |
|---|---|---|---|---|---|
| 福建 | 20 | 30.00 | 湖南 | 19 | 24.00 |
| 江西 | 20 | 32.00 | 云南 | 31 | 32.00 |

## (二) 林业经营规模化趋势显现，林业大户数量不断增长

监测显示（见表7-14），尽管小规模林地经营的农户占主体，但是从动态变化来看规模化经营趋势已开始显现。表中林地面积50亩以下的农户数量最多，占样本农户一半左右；其次是100～500亩的农户，占样本农户三成；经营规模为50～100亩的农户约占两成；500～1000亩的农户约占2个百分点，1000亩以上的农户占比约1个百分点。从动态变化来看，经营规模为50亩以下的农户比例有下降趋势，经营规模为50～100亩的农户比例相对较为稳定，经营规模为100～500亩以及1000亩以上农户比例有增长趋势。2017年，50亩以下、50～100亩、100～500亩、500～1000亩、1000亩以上农户数量分别为237户、117户、135户、11户和7户，分别占46.74%、23.08%、26.63%、2.17%和1.38%。

表 7-14　不同经营规模农户数量和比例变化情况　　　　　　　　　　　　　　　　户，%

| 年份 | 类型 | 50亩以下 | 50～100亩 | 100～500亩 | 500～1000亩 | 1000亩以上 |
|---|---|---|---|---|---|---|
| 2009 | 数量 | 204 | 95 | 87 | 11 | 3 |
|  | 比例 | 51.00 | 23.75 | 21.75 | 2.75 | 0.75 |
| 2010 | 数量 | 246 | 95 | 137 | 10 | 4 |
|  | 比例 | 50.00 | 19.31 | 27.85 | 2.03 | 0.81 |
| 2011 | 数量 | 227 | 114 | 153 | 8 | 3 |
|  | 比例 | 44.95 | 22.58 | 30.30 | 1.58 | 0.59 |
| 2012 | 数量 | 235 | 111 | 143 | 8 | 3 |
|  | 比例 | 47.00 | 22.20 | 28.60 | 1.60 | 0.60 |
| 2013 | 数量 | 218 | 124 | 146 | 10 | 2 |
|  | 比例 | 43.60 | 24.80 | 29.20 | 2.00 | 0.40 |
| 2014 | 数量 | 231 | 114 | 147 | 7 | 3 |
|  | 比例 | 46.02 | 22.71 | 29.28 | 1.39 | 0.60 |
| 2015 | 数量 | 230 | 105 | 150 | 13 | 4 |
|  | 比例 | 45.82 | 20.91 | 29.88 | 2.59 | 0.80 |
| 2016 | 数量 | 239 | 112 | 136 | 11 | 5 |
|  | 比例 | 47.51 | 22.27 | 27.04 | 2.19 | 0.99 |
| 2017 | 数量 | 236 | 117 | 135 | 11 | 7 |
|  | 比例 | 46.74 | 23.08 | 26.63 | 2.17 | 1.38 |

江西省样本农户的经营规模明显高于其他三省，主要体现在50～100亩、100～500亩、500～1000亩以及1000亩以上的农户数量及比例明显高于其他三省（见表7-15）。

表 7-15　2017 年四省不同经营规模农户数量和比例情况　　　　　　　　　　户，%

| 省份 | 类型 | 50亩以下 | 50~100亩 | 100~500亩 | 500~1000亩 | 1000亩以上 |
|---|---|---|---|---|---|---|
| 福建 | 数量 | 365 | 71 | 58 | 1 | 2 |
| | 比例 | 73.44 | 14.29 | 11.67 | 0.20 | 0.40 |
| 江西 | 数量 | 236 | 117 | 135 | 11 | 7 |
| | 比例 | 46.74 | 23.08 | 26.63 | 2.17 | 1.38 |
| 湖南 | 数量 | 357 | 88 | 53 | 0 | 2 |
| | 比例 | 71.40 | 17.60 | 10.60 | 0 | 0.04 |
| 云南 | 数量 | 355 | 64 | 68 | 9 | 4 |
| | 比例 | 71.00 | 12.80 | 13.60 | 1.80 | 0.80 |

从样本村的监测数据来看，2004年集体林改以来，江西长水等50个监测样本村林业大户（经营面积超过1000亩以上）数量由2004年的3户增长到2017年的43户（图7-3）。在监测的50个样本村中，拥有林业大户的样本村的数量从林改前2个增长到2017年的22个，占比分别为4.00%和44.00%。

图 7-3　样本村林业大户数量变化情况

从样本村的数据来看（见表7-16），江西监测样本村林业大户数量以及拥有林业大户的样本村的比例也是最高的。

表 7-16　四省样本村林业大户数量变化　　　　　　　　　　个，%

| 省份 | 林业大户数量 | 拥有林业大户样本村比例 | 省份 | 林业大户数量 | 拥有林业大户样本村比例 |
|---|---|---|---|---|---|
| 福建 | 20 | 24.00% | 福建 | 20 | 24.00% |
| 江西 | 43 | 44.00% | 江西 | 43 | 44.00% |
| 湖南 | 7 | 10.00% | 湖南 | 7 | 10.00% |
| 云南 | 11 | 14.00% | 云南 | 11 | 14.00% |

### （三）家庭林场、公司林场等新型经营主体不断涌现

监测显示农户林地经营主体形式仍为一般林农，约占八成，新型经营主体也逐渐开始显现。以江西省为例，表17中，2009年，样本农户中，一般林农有261户，占65.25%；2017年，一般林农增长到404户，占79.68%。联户经营农户数量在2010年数量最多，为127户，占25.81%，随后逐渐减少，2017年有42户，占8.48%。2013年以来，监测样本农户中家庭林场

和公司林场开始显现，2014年分别达到14户和2户，分别占2.76%和0.40%。

表7-17 不同经营模式农户数量和比例变化情况　　　　　　　　　　户，%

| 年份 | 类型 | 一般林农 | 联户经营 | 家庭林场 | 公司林场 | 股份合作 |
|---|---|---|---|---|---|---|
| 2009 | 数量 | 261 | 80 | 0 | 0 | 59 |
|  | 比例 | 65.25 | 20.00 | 0.00 | 0.00 | 14.75 |
| 2010 | 数量 | 306 | 127 | 0 | 0 | 59 |
|  | 比例 | 62.20 | 25.81 | 0.00 | 0.00 | 11.99 |
| 2011 | 数量 | 390 | 58 | 0 | 0 | 57 |
|  | 比例 | 77.23 | 11.48 | 0.00 | 0.00 | 11.29 |
| 2012 | 数量 | 394 | 52 | 0 | 0 | 54 |
|  | 比例 | 78.80 | 10.40 | 0.00 | 0.00 | 10.80 |
| 2013 | 数量 | 414 | 35 | 3 | 0 | 48 |
|  | 比例 | 82.80 | 7.00 | 0.60 | 0.00 | 9.60 |
| 2014 | 数量 | 431 | 36 | 2 | 0 | 33 |
|  | 比例 | 85.86 | 7.17 | 0.40 | 0.00 | 6.57 |
| 2015 | 数量 | 387 | 42 | 15 | 2 | 56 |
|  | 比例 | 77.09 | 8.37 | 2.99 | 0.40 | 11.15 |
| 2016 | 数量 | 408 | 41 | 14 | 2 | 38 |
|  | 比例 | 81.11 | 8.15 | 2.78 | 0.40 | 7.56 |
| 2017 | 数量 | 404 | 43 | 14 | 2 | 44 |
|  | 比例 | 79.68 | 8.48 | 2.76 | 0.40 | 8.68 |

从四省样本农户的数据来看（见表7-18），农户的经营模式与江西省较为相似，都是以一般林农为主，其次是联户经营和股份合作经营，家庭林场和公司林场也有少量发展。

表7-18 不同经营模式农户数量和比例变化情况　　　　　　　　　　户，%

| 省份 | 类型 | 一般林农 | 联户经营 | 家庭林场 | 公司林场 | 股份合作 |
|---|---|---|---|---|---|---|
| 福建 | 数量 | 383 | 76 | 0 | 0 | 40 |
|  | 比例 | 77.06 | 15.29 | 0 | 0 | 8.05 |
| 江西 | 数量 | 404 | 43 | 14 | 2 | 44 |
|  | 比例 | 79.68 | 8.48 | 2.76 | 0.40 | 8.68 |
| 湖南 | 数量 | 441 | 59 | 0 | 0 | 0 |
|  | 比例 | 88.2 | 11.8 | 0 | 0 | 0 |
| 云南 | 数量 | 438 | 23 | 1 | 0 | 38 |
|  | 比例 | 87.6 | 4.6 | 0.2 | 0 | 7.6 |

# 林农林业就业及林业收入情况

## 一、林农林业就业情况

林农林业就业情况主要从家庭自投、家庭雇佣、外出涉林打工、本地涉林打工四个方面进行考察。

林农林业就业情况具有较大的波动。以江西省样本农户林业就业为例（见表7-19），从2010年至2017年，样本林农总投入劳动力具有较大起伏，2010年林农总劳动力投入最高，其均值为93.36工日，2014年最低，其均值仅为36.89工日，不到2010年的一半。

表 7-19 江西样本农户林业就业情况　　　　工日

| 年份 | 家庭自投 | 家庭雇佣 | 外出涉林打工 | 本地涉林打工 | 总投入 |
| --- | --- | --- | --- | --- | --- |
| 2010 | 54.81 | 17.42 | 6.28 | 14.85 | 93.36 |
| 2011 | 35.42 | 27.51 | 0.51 | 8.85 | 72.29 |
| 2012 | 37.41 | 33.22 | 9.42 | 12.51 | 92.56 |
| 2013 | 27.00 | 17.09 | 3.86 | 11.41 | 59.36 |
| 2014 | 15.04 | 17.78 | 0.82 | 3.25 | 36.89 |
| 2015 | 38.77 | 31.19 | 0.18 | 7.79 | 77.93 |
| 2016 | 35.53 | 35.06 | 3.66 | 10.76 | 85.01 |
| 2017 | 28.22 | 18.30 | 0.06 | 1.47 | 48.05 |

从林业就业的构成来看，农户林业就业主要为家庭自投劳动力，约占林业就业的一半，其次是家庭雇佣劳动力和本地涉林打工，外出涉林打工最低。2017年，农户林业就业中，家庭自投劳动力占58.73%，家庭雇佣劳动力占38.09%，本地涉林打工占3.06%，外出涉林打工占0.12%。

从动态变化看，不同类型的林业就业均存在较大起伏，并且家庭自投劳动力、本地涉林打工以及外出涉林打工还呈现较明显的下降趋势。这可能与林业经营的周期性有关。家庭自投劳动力中，2010年投入最高，为54.81工日，2014年最低，仅有15.04工日。家庭雇佣劳动力中，2016年最高，有35.06工日，2013年最低，仅有17.09工日。本地涉林打工中，2010年最高，有14.85工日，2017年最低，仅有1.47工日。外出涉林打工中，2012年最高，为9.42工日，2017年最低，仅有0.06工日。

南方集体林区四省农户林业就业情况存在较大差异。从表7-20可看出，福建省农户林业就业投入最高，为139.27工日，湖南省最低，仅有42.98工日。

表 7-20　2017年四省样本农户林业投入对比情况　　　　工日

| 省份 | 家庭自投 | 家庭雇佣 | 外出涉林打工 | 本地涉林打工 | 总投入 |
| --- | --- | --- | --- | --- | --- |
| 福建 | 57.71 | 66.48 | 1.71 | 13.37 | 139.27 |
| 江西 | 28.22 | 18.30 | 0.06 | 1.47 | 48.05 |
| 湖南 | 33.93 | 4.28 | 1.71 | 3.06 | 42.98 |
| 云南 | 80.39 | 15.52 | 1.36 | 1.81 | 99.08 |

## 二、林业收入情况

样本农户林业收入不断增长，呈现上升趋势。以江西省为例，连续监测调查显示（见表7-21），500个样本农户总收入不断增长，由林改前的19302元，增长到2016年的91588元。同时，样本农户家庭林业收入也呈不断攀升趋势。林改前，农户平均林业收入为3556元，2009年样本农户平均林业收入为8821元，2016年上升至19661元。林改前，林业收入占农户总收入的18.46%，2009年，林业收入占农户收入比例的38.01%，林改对农户林业增收起到了较好的促进作用。随后林业收入占农户总收入的比例有所下降，2013–2016年，林业收入占农户收入的比例又呈现增长趋势。

表7-21 江西样本林农林业收入占比变化情况

| 年份 | 农户总收入（元） | 林业收入（元） | 林业收入占比（%） | 年份 | 农户总收入（元） | 林业收入（元） | 林业收入占比（%） |
| --- | --- | --- | --- | --- | --- | --- | --- |
| 林改前 | 19302 | 3564 | 18.46 | 2013 | 87207 | 12903 | 14.80 |
| 2009 | 28180 | 10713 | 38.02 | 2014 | 88134 | 15811 | 17.94 |
| 2010 | 48001 | 10418 | 21.70 | 2015 | 88254 | 14882 | 16.86 |
| 2011 | 53926 | 8708 | 16.15 | 2016 | 91588 | 19661 | 21.47 |
| 2012 | 86286 | 12905 | 14.96 | 2017 | 108790 | 9869 | 9.07 |

福建、江西、湖南、云南四省农户的林业收入存在较大差异。2017年，福建农户林业收入均值最高，为32078元（见表7-22），并且林业收入占农户总收入比例也最高，高达27.93%。湖南农户林业收入均值最低，为2576元，并且林业收入占农户总收入比例也最低，仅为4.34%。

表7-22 2017年四省林农林业收入占比情况

| 省份 | 农户总收入（元） | 林业收入（元） | 林业收入占比（%） | 省份 | 农户总收入（元） | 林业收入（元） | 林业收入占比（%） |
| --- | --- | --- | --- | --- | --- | --- | --- |
| 福建 | 114855 | 32078 | 27.93 | 湖南 | 59339 | 2576 | 4.34 |
| 江西 | 108790 | 9869 | 9.07 | 云南 | 52713 | 8035 | 15.24 |

## 三、林农林业收入结构的演变

以江西集体林区样本农户为例（见表7-23），可发现林业收入结构变化有以下几个主要特点。

### （一）林农林业收入来源多元化，且用材林收入比例下降

样本农户林业收入来源呈多元化发展，用材林收入在农户林业收入来源中的比例逐渐下降。林业收入多元化的发展趋势符合集体林区农民增收目标。

表7-23 江西样本林农林业收入构成及变化　　　　　　　　元，%

| 年份 | 类型 | 用材林 | 竹林 | 经济林 | 林下经济 | 涉林打工 | 财产性 | 转移性 | 其他 |
| --- | --- | --- | --- | --- | --- | --- | --- | --- | --- |
| 林改前 | 数量 | 607 | 1068 | 81 | 121 | 622 | 4 | 47 | 1014 |
| | 比例 | 17.03 | 29.97 | 2.27 | 3.40 | 17.45 | 0.11 | 1.32 | 28.45 |
| 2009 | 数量 | 4515 | 3437 | 363 | 207 | 1367 | 91 | 434 | 299 |
| | 比例 | 42.15 | 32.08 | 3.39 | 1.93 | 12.76 | 0.85 | 4.05 | 2.79 |
| 2010 | 数量 | 1655 | 3775 | 2206 | 148 | 1200 | 393 | 165 | 876 |
| | 比例 | 15.89 | 36.24 | 21.17 | 1.42 | 11.52 | 3.77 | 1.58 | 8.41 |
| 2011 | 数量 | 2371 | 3582 | 1090 | 340 | 596 | 122 | 352 | 255 |
| | 比例 | 27.23 | 41.13 | 12.52 | 3.90 | 6.84 | 1.40 | 4.04 | 2.93 |
| 2012 | 数量 | 5176 | 4060 | 795 | 633 | 1007 | 342 | 348 | 544 |
| | 比例 | 40.11 | 31.46 | 6.16 | 4.91 | 7.80 | 2.65 | 2.70 | 4.22 |

(续)

| 年份 | 类型 | 用材林 | 竹林 | 经济林 | 林下经济 | 涉林打工 | 财产性 | 转移性 | 其他 |
|---|---|---|---|---|---|---|---|---|---|
| 2013 | 数量 | 4542 | 3894 | 985 | 1403 | 1022 | 63 | 592 | 402 |
|  | 比例 | 35.20 | 30.18 | 7.63 | 10.87 | 7.92 | 0.49 | 4.59 | 3.12 |
| 2014 | 数量 | 1762 | 3927 | 2420 | 2219 | 696 | 202 | 2736 | 1849 |
|  | 比例 | 11.14 | 24.84 | 15.31 | 14.03 | 4.40 | 1.28 | 17.30 | 11.69 |
| 2015 | 数量 | 2290 | 6598 | 1356 | 2725 | 546 | 465 | 865 | 37 |
|  | 比例 | 15.39 | 44.34 | 9.11 | 18.31 | 3.67 | 3.12 | 5.81 | 0.25 |
| 2016 | 数量 | 1912 | 6360 | 396 | 6471 | 1370 | 100 | 1508 | 1544 |
|  | 比例 | 9.72 | 32.35 | 2.01 | 32.91 | 6.97 | 0.51 | 7.67 | 7.85 |
| 2017 | 数量 | 910 | 2612 | 1121 | 3155 | 486 | 148 | 764 | 673 |
|  | 比例 | 9.22 | 26.46 | 11.36 | 31.97 | 4.92 | 1.51 | 7.74 | 6.82 |

### （二）林下经济收入呈指数规律增长，逐渐成为农户林业收入的主要来源

样本农户的林下经济主要包括林产品采集、林下养殖（家畜家禽、蜜蜂）、林下种植（中草药）等。林改前（2004年），农户平均林下经济收入为121元，2016年，林下经济收入均值增长到6471元，林下经济收入的平均增长率为39.32%。林下经济收入占农户林业收入比例从2004年的3.40%稳步上升至2017年的31.97%，已成为农户林业收入的主要来源。

### （三）林农用材林收入有较大起伏，均值和占比总体呈下降趋势

林改后，用材林收入有了明显攀升，从林改前的607元（17.03%）增加到2009年的4515元（42.15%），随后又有所下降。2012年，用材林收入达到峰值5176元（40.11%）。2013—2017年，用材林收入逐渐下降，2017年用材林收入仅为910元，占9.22%，在农户当年林业收入构成中排第三位。用材林收入波动与农户木材采伐的周期性有关，而2012年以来农户用材林收入逐渐减少，而农户林业收入稳步增长，也反映了用材林收入不会成为农户林业收入限制。

### （四）竹林收入一般占农户林业收入的三成

林改前，农户平均竹林收入为1068元（29.97%），2016年，竹林收入增长到6360元（32.35%）。竹林收入的稳步增长对农户林业增收发挥了较为重要作用。

### （五）经济林占农户林业收入的比例较小，并且经济林收入具有较大波动

林改前（2004年），农户平均经济林收入仅为81元（占2.27%），2010年经济林收入增长到2206元（占21.17%），随后经济林收入逐渐下降，但到2014年，经济林收入又达到峰值2420元（15.31%）。2016年，经济林收入又下降到396元，仅占2.01%，2017年有所回升，为1121元，占11.36%。这主要是由于江西林改监测区农户早期经济林树种主要为柑橘和油茶，近几年由于黄龙病的危害，柑橘产业遭受较大损失，传统油茶林退化，新的经济林产业如：高产油茶林、其他果树业，由于种植年限以及种植经营管理水平不高，尚未产生较大经济效益。

### （六）农户林业转移性收入呈现增长趋势

集体林改前，农户平均转移性收入为47元（占1.32%），集体林改后，农户转移性收入稳定增长，2016年，样本农户转移性收入均值为1508元（占7.67%），高于涉林打工和经济林收入，2017年为764元（占7.74%），也高于涉林打工收入。主要原因有两个方面：一是集

体林区生态公益林面积比较大，近年来江西不断加大对公益林的生态补偿额度；二是国家加大了对林业经营补贴，特别是对精准扶贫的造林补贴力度比较大。

### （七）涉林打工收入呈现"大小年"规律变化，收入占比一成左右

样本农户涉林打工内容主要是在本地竹木加工厂、或者帮其他农户进行木材、竹材采伐。农户涉林打工平均收入最高的是2016年，为1370元（6.97%），涉林打工收入最少的是2017年，为486元（4.92%）。由于竹木采伐的周期性规律影响以及本地竹木加工发展有限，涉林打工收入有较大波动。

### （八）财产性收入在林业收入中所占比例较低，呈起伏式波动，整体上有增长趋势

财产性收入主要是农户林地流转或出租获得的收入，主要取决于农户林地流转规模。林改前，样本农户平均财产性收入为4元，财产性收入最高的为2015年的465元。农户林业财产性收入的增长也反映了林地流转行为的增加。

四省农户林业收入结构存在一定差异。福建林农林业收入主要来源于经济林、林下经济和竹林（见表7-24），江西林农林业收入主要来源于林下经济和竹林，湖南林农林业收入主要为经济林和转移性收入，云南林农林业收入主要为经济林、涉林打工、用材林。

表7-24　2017年四省样本林农林业收入构成及变化　　　　　　　　　元，%

| 省份 | 类型 | 用材林 | 竹林 | 经济林 | 林下经济 | 涉林打工 | 财产性 | 转移性 | 其他 |
|---|---|---|---|---|---|---|---|---|---|
| 福建 | 数量 | 3843 | 4929 | 13507 | 5461 | 1077 | 808 | 345 | 2109 |
| | 比例 | 11.98 | 15.36 | 42.11 | 17.02 | 3.36 | 2.52 | 1.07 | 6.58 |
| 江西 | 数量 | 910 | 2612 | 1121 | 3155 | 486 | 148 | 764 | 673 |
| | 比例 | 9.22 | 26.46 | 11.36 | 31.97 | 4.92 | 1.51 | 7.74 | 6.82 |
| 湖南 | 数量 | 106 | 43 | 1032 | 124 | 263 | 146 | 408 | 453 |
| | 比例 | 4.12 | 1.66 | 40.06 | 4.83 | 10.22 | 5.68 | 15.83 | 17.6 |
| 云南 | 数量 | 1364 | 25 | 4173 | 626 | 1373 | 2 | 300 | 172 |
| | 比例 | 16.98 | 0.31 | 51.94 | 7.79 | 17.09 | 0.02 | 3.73 | 2.14 |

## 林业产业发展对农户就业增收的影响

### 一、林业产业发展对农户就业及增收的贡献

由于林农林业就业及增收与区域林业产业发展关系更为密切，因而报告主要从县级林业产业发展及村级合作社发展角度分析林业产业发展对林农就业及增收的贡献。

#### （一）南方集体林区林业产业发展对农民就业的影响

**1. 县级层面林业产业发展对农户林业就业具有较大促进作用**

表7-25　县级层面林业产业与农户林业就业　　　　　　　　　工日

| 类别 | 二、三产比例 | 家庭自投 | 家庭雇佣 | 外出涉林打工 | 本地涉林打工 | 总投入 |
|---|---|---|---|---|---|---|
| 总计 | 小于50% | 27.33 | 12.84 | 0.53 | 2.22 | 42.92 |
| | 50%~70% | 66.24 | 17.06 | 1.52 | 3.88 | 88.70 |
| | 大于70% | 46.39 | 43.64 | 1.27 | 7.61 | 98.91 |

(续)

| 类别 | 二、三产比例 | 家庭自投 | 家庭雇佣 | 外出涉林打工 | 本地涉林打工 | 总投入 |
|---|---|---|---|---|---|---|
| 福建 | 小于50% | — | — | — | — | — |
|  | 50%～70% | 64.82 | 20.25 | 1.68 | 9.77 | 96.52 |
|  | 大于70% | 53.03 | 96.46 | 1.72 | 15.67 | 166.88 |
| 江西 | 小于50% | 26.16 | 12.85 | 0 | 0.49 | 39.50 |
|  | 50%～70% | 33.49 | 23.63 | 0.01 | 3.08 | 60.21 |
|  | 大于70% | 18.80 | 24.67 | 0.61 | 0.10 | 44.18 |
| 湖南 | 小于50% | 37.87 | 0.36 | 2.39 | 5.00 | 45.62 |
|  | 50%～70% | 30.68 | 3.54 | 1.19 | 0.40 | 35.81 |
|  | 大于70% | 35.46 | 7.33 | 1.89 | 4.80 | 49.48 |
| 云南 | 小于50% | 20.44 | 0.54 | 0.03 | 3.86 | 24.87 |
|  | 50%～70% | 136.11 | 31.16 | 3.22 | 2.46 | 172.95 |
|  | 大于70% | 54.34 | 7.57 | 0.16 | 0.17 | 62.24 |

如表7-25所示，按照农户所在县的林业第二产业和第三产业比例之和将农户分为三组：小于50%、50%～70%、大于70%，可发现三组农户林业就业工作日随着二、三产比例增加呈明显上升趋势。总体来看，县级层面二、三产业之和小于50%、50%～70%、大于70%的三组农户，其林业用工总投入的均值分别为42.92工日、88.70工日、98.91工日。

县级层面产业发展主要对农户家庭林业自投劳动力、家庭雇佣劳动力以及本地涉林打工具有较大促进。县级层面二、三产业比例在50%以下的农户家庭林业自投劳动力均值为27.33工日，明显低于二、三产业比例在50%～70%的农户（66.24工日），以及70%以上的农户（46.35工日）。三组农户家庭林业雇佣劳动力均值分别为12.84工日、17.06工日、43.64工日，随二、三产业比例的增加呈显著增长趋势，林业产业70%以上的农户家庭雇佣劳动力是林业产业50%以下的农户的3.40倍。同样，三组农户家庭本地涉林打工均值也随二、三产业比例的增加呈显著增长趋势，林业产业70%以上的农户本地涉林打工投入是林业产业50%以下的农户的3.43倍。这反映了县级层面林业产业的发展能较大促进林农林业生产经营的积极性，增加农户林业就业。

比较四省县级林业产业与农户林业就业的情况，也可发现县级林业产业发展对农户林业就业的促进规律。其中，福建省林业二产和三产的比例明显高于其他三省，福建省样本农户林业就业投入也高于其他三省。福建省县级林业二、三产业比例70%以上的农户林业劳动力投入为166.88个工日，明显高于二、三产业比例50%～70%之间的农户（96.52工日）。江西和云南县级林业二、三产业比例50%～70%以及70%以上的农户组林业劳动力投入均明显高于二、三产业比例50%以下的农户组。湖南三组农户之间的林业劳动力总投入的差异并不明显，但其家庭雇佣劳动力投入与县级林业二、三产业比例有明显正相关关系。

**2. 村级层面林业专业合作社发展对农户林业就业具有明显促进作用**

如表7-26所示，按照农户所在村是否有林业专业合作社将样本农户分为两组：没有林业专业合作社、有林业专业合作社。所在村有林业专业合作社的农户林业就业时间明显高于没有林业专业合作社的农户。数据显示，所在村有林业专业合作社的农户林业就业时间均值为117.61工日，比没有林业专业合作社的农户高出47工日。

表 7-26  村级层面林业专业合作社情况与农户林业就业

工日

| 类别 | 合作社 | 家庭自投 | 家庭雇佣 | 外出涉林打工 | 本地涉林打工 | 总投入 |
|---|---|---|---|---|---|---|
| 总计 | 没有 | 51.48 | 13.79 | 1.01 | 4.32 | 70.60 |
| | 有 | 45.47 | 63.63 | 1.82 | 6.69 | 117.61 |
| 福建 | 没有 | 59.70 | 24.10 | 1.04 | 11.09 | 95.93 |
| | 有 | 52.95 | 162.70 | 3.23 | 18.48 | 237.36 |
| 江西 | 没有 | 27.36 | 14.98 | 0.09 | 1.85 | 44.28 |
| | 有 | 30.50 | 26.07 | 0.01 | 0.62 | 57.2 |
| 湖南 | 没有 | 33.44 | 4.48 | 1.33 | 3.13 | 42.38 |
| | 有 | 35.41 | 4.08 | 2.68 | 2.90 | 45.07 |
| 云南 | 没有 | 78.46 | 12.48 | 1.44 | 2.02 | 94.4 |
| | 有 | 96.27 | 42.81 | 0.61 | 0.10 | 139.79 |

村级林业专业合作社的发展主要对家庭雇佣劳动力具有较大促进作用。总体来看，样本村没有林业专业合作社的农户家庭林业雇佣劳动力均值是13.79工日，而有林业专业合作社的农户家庭林业雇佣劳动力均值是63.63工日，比前者高出近50工日。这可能是因为林业专业合作社的发展可以促进农户林地经营方面的资源、信息等的获取，从而促进农户林业就业。

比较四省村级林业专业合作社的发展与农户林业就业的情况，可发现林业专业合作社的发展对家庭雇佣劳动力具有较大影响、对家庭自投劳动力均也具有一定的促进作用。从对家庭雇佣劳动力的影响来看，福建省最为显著，其样本村有林业专业合作社的农户家庭林业雇佣劳动力比没有林业专业合作社的农户高出138.60工日，云南省高出30.33工日，江西省高出11.09工日。从对家庭自投劳动力的影响来看，江西、湖南、云南三省都呈现正向规律：样本村有林业专业合作社的农户家庭林业自投劳动力比没有林业专业合作社的农户分别高出3.14工日、1.97工日、17.81工日。

## （二）南方集体林区林业产业发展对农民增收的影响

### 1. 县级层面林业产业发展对农户林业增收具有促进作用

如表27所示，农户林业收入与林业二、三产业的比例具有明显的正相关关系。总体来看，所在县二、三产业比例小于50%、50%~70%以及70%以上的三组农户林业总收入均值分别为4290元、11599元、20030元，呈明显增加趋势。

林业产业的发展主要通过影响农户用材林、林下经济、经济林、涉林打工、竹林等方面的收入促进农户增收。其中，2017年，所在县二、三产业比例70%以上的农户组用材林收入均值为2667元，是所在县二、三产业比例50%以下的农户组的48.49倍；所在县二、三产业比例70%以上的农户组林下经济收入均值为2544元，是所在县二、三产业比例50%以下的农户组的13.39倍；所在县二、三产业比例70%以上的农户组经济林收入均值为8517元，是所在县二、三产业比例50%以下的农户组的6.49倍；所在县二、三产业比例70%以上的农户组涉林打工收入均值为1455元，是所在县二、三产业比例50%以下的农户组的4.95倍；所在县二、三产业比例70%以上的农户组竹林收入均值为2616元，是所在县二、三产业比例50%以下的农户组的1.52倍。

比较四省县级产业结构与农户林业收入情况，也能发现同样的产业发展对农户林业增收影响。福建省县级林业二、三产业比例70%以上的农户林业收入均值为41804元，明显高于二、三产业比例50%～70%之间的农户（17144元）。江西省县级二、三产业比例50%～70%之间、70%以上的农户林业收入均值分别为13541元和10363元，明显高于县级二、三产业比例50%以下的农户林业收入均值（6840元）。湖南省县级二、三产业比例50%～70%之间的农户林业收入均值为3864元，高于县级二、三产业比例50%以下的农户林业收入均值（1659元）。云南省县级二、三产业比例50%～70%之间、70%以上的农户林业收入均值分别为11981元和7874元，明显高于县级二、三产业比例50%以下的农户林业收入均值（466元）。

不同省份之间县级林业产业发展对农户林业收入结构的影响存在一定差异。从表7-27中可看出，福建省县级林业产业的发展对农户经济收入具有较大影响，其次是竹林、林下经济和用材林方面的收入。江西省县级林业产业发展主要对农户林下经济和用材林收入具有较大影响。湖南省县级林业产业的发展对农户经济林收入具有较大促进。云南省县级林业产业的发展主要促进了农户涉林打工、经济林和林下经济方面的收入。

表7-27 县级层面产业结构与农户林业收入结构　　　　　　　　　　　　元

| 类别 | 二、三产比例 | 用材林 | 竹林 | 经济林 | 林下经济 | 涉林打工 | 财产性 | 转移性 | 其他 | 总收入 |
|---|---|---|---|---|---|---|---|---|---|---|
| 总计 | 小于50% | 55 | 1719 | 1312 | 190 | 294 | 0 | 639 | 81 | 4290 |
| | 50%～70% | 1351 | 1330 | 3629 | 3364 | 468 | 20 | 448 | 989 | 11599 |
| | 70%以上 | 2667 | 2616 | 8517 | 2544 | 1455 | 713 | 352 | 1166 | 20030 |
| 福建 | 小于50% | – | – | – | – | – | – | – | – | – |
| | 50%～70% | 2758 | 3142 | 4278 | 4460 | 1048 | 0 | 299 | 1159 | 17144 |
| | 70%以上 | 4550 | 6092 | 19517 | 6112 | 1095 | 1334 | 375 | 2729 | 41804 |
| 江西 | 小于50% | 99 | 3032 | 2176 | 241 | 346 | 0 | 841 | 105 | 6840 |
| | 50%～70% | 604 | 2155 | 77 | 7579 | 782 | 74 | 719 | 1551 | 13541 |
| | 70%以上 | 6250 | 2336 | 0 | 23 | 0 | 1200 | 554 | 0 | 10363 |
| 湖南 | 小于50% | 0 | 15 | 400 | 200 | 450 | 1 | 493 | 100 | 1659 |
| | 50%～70% | 244 | 54 | 2100 | 80 | 0 | 0 | 391 | 995 | 3864 |
| | 70%以上 | 20 | 46 | 271 | 132 | 435 | 367 | 383 | 84 | 1738 |
| 云南 | 小于50% | 0 | 100 | 36 | 52 | 6 | 0 | 272 | 0 | 466 |
| | 50%～70% | 1840 | 2 | 8119 | 1335 | 55 | 4 | 378 | 248 | 11981 |
| | 70%以上 | 1571 | 10 | 2296 | 204 | 3375 | 0 | 235 | 183 | 7874 |

**2. 村级层面合作社发展对农户林业增收具有促进作用**

林业专业合作社可通过集聚和优化配置林业生产要素、推进适度规模经营、降低生产经营成本、推进林业与二、三产业融合等方式促进农户增收。按照村级层面林业专业合作社的发展情况将样本农户分为两组，即本村没有林业专业合作社的农户组和本村有林业专业合作社的农户组。如表7-28所示，可发现，样本村有林业专业合作社的农户组林业收入均值明显高于样本村没有林业专业合作社的农户组。2017年，样本村有林业专业合作社的农户组林业收入均值为21189元，而样本村没有林业专业合作社的农户组林业收入均值为10461元，前者约为后者的两倍。

林业专业合作社主要通过影响农户林下经济、竹林、用材林、涉林打工促进农户增收。2017年，样本村有林业专业合作社的农户组林下经济收入均值为5449元，是样本村没有林业专业合作社农户组的4.12倍；样本村有林业专业合作社的农户组竹林收入为3459元，是样本村没有林业专业合作社农户组的2.49倍；样本村有林业专业合作社的农户组用材林收入均值为3271元，是样本村没有林业专业合作社农户组的3.31倍；样本村有林业专业合作社的农户组涉林打工收入均值为1965元，是样本村没有林业专业合作社农户组的4.71倍。

四省林业专业合作社发展对农户林业增收具有较为一致的影响。其中，福建省样本村有林业专业合作社的农户组林业收入均值为45390元，是样本村没有林业专业合作社农户组的1.73倍；湖南省样本村有林业专业合作社的农户组林业收入均值为4978元，是样本村没有林业专业合作社农户组的3.03倍；云南省样本村有林业专业合作社的农户组林业收入均值为29467元，是样本村没有林业专业合作社农户组的5.21倍。仅江西省样本村有无林业专业合作社对农户林业收入均值影响不大。

不同省份之间林业专业合作社发展对农户林业收入结构的影响存在一定差异。这可能与区域资源禀赋有关。其中，福建林业专业合作社发展对农户林下经济、竹林、用材林增收影响较大。江西林业专业合作社发展对农户竹林、林下经济增收影响较大。湖南林业专业合作社对农户经济林增收影响显著。云南省林业专业合作社对农户涉林打工、经济林、用材林增收效果明显。

表7-28 村级层面合作社发展情况与农户林业收入结构　　　　　元

| 类别 | 合作社 | 用材林 | 竹林 | 经济林 | 林下经济 | 涉林打工 | 财产性 | 转移性 | 其他 | 总收入 |
|---|---|---|---|---|---|---|---|---|---|---|
| 总计 | 没有 | 989 | 1390 | 4750 | 1322 | 417 | 51 | 476 | 1066 | 10461 |
| 总计 | 有 | 3271 | 3459 | 5506 | 5449 | 1965 | 960 | 391 | 188 | 21189 |
| 福建 | 没有 | 1569 | 3994 | 14357 | 1969 | 988 | 4 | 413 | 2975 | 26269 |
| 福建 | 有 | 9054 | 7071 | 11559 | 13461 | 1279 | 2649 | 190 | 127 | 45390 |
| 江西 | 没有 | 1280 | 1950 | 1594 | 2816 | 562 | 213 | 781 | 896 | 10092 |
| 江西 | 有 | 49 | 4150 | 22 | 3941 | 309 | 0 | 725 | 154 | 9350 |
| 湖南 | 没有 | 140 | 41 | 189 | 110 | 147 | 0 | 427 | 588 | 1642 |
| 湖南 | 有 | 20 | 47 | 3200 | 162 | 561 | 522 | 359 | 107 | 4978 |
| 云南 | 没有 | 994 | 27 | 3487 | 624 | 81 | 2 | 325 | 114 | 5654 |
| 云南 | 有 | 4700 | 0 | 10352 | 644 | 13000 | 0 | 71 | 700 | 29467 |

## 二、林业产业发展带动农民就业增收方面的主要机制和模式案例

南方集体林区林业产业发展带动农民就业增收方面的主要机制有以下几个方面：

### （一）"公司+合作社+林农"的模式，通过林下经济集群化发展带动农户增收

连城县发展林下经济促进林农增收案例：福建省连城县是重点林区县，林地面积330.64万亩，有林地面积314.7万亩，森林覆盖率高达81.3%。近年来，该县大力发展林下经济，通过"公司+合作社+林农"的模式，初步建立了"铁鹿蓝松游，金鸡青蜂笋"（即铁皮石斛、梅花鹿、蓝莓、松脂、森林旅游；金银花、河田鸡、三叶青、蜜蜂、竹笋）为主体的林下经济体系，林下经济已成为县域经济最具发展潜力的产业之一。其主要做法有：

一是突出特色，理清林下经济发展思路。林下经济涵盖了林下种养采游，内容丰富。如何结合连城县的实际，找准发展方向，是林下经济发展开好局、起好步的关键所在。为此，连城县组织开展了专题调研，多次组织有志发展林下经济的企业主、林农召开座谈会，向有

关专家咨询，并经多次论证后，认为必须立足本县资源优势，挖掘有地方特色、具备发展潜力，以提供绿色、有机、无公害产品为目标的产业作为主攻方向。经过调研，确定了林下种植以发展冠豸山铁皮石斛、蓝莓、金银花、三叶青为主，林下养殖以发展梅花鹿、河田鸡、中蜂为主，林下采集以发展竹笋、松脂为主，森林景观利用以发展森林旅游为主的发展思路。编制了《连城县2014—2020年林下经济发展规划》，突出"一个中心，三个一万"，即以森林景观利用为中心，重点发展1万亩铁皮石斛、1万亩蓝莓、1万头梅花鹿，计划至2020年全县林下经济总产值达50亿元。

二是狠抓龙头，促进林下经济集群化发展。产业只有集群化发展才能做大做强。连城县采取"公司+合作社+林农"的模式，壮大产业规模；引导产学研相结合，破解产业发展技术难题；制定行业标准，促进科学化管理、标准化生产；构建网络销售平台，推进产品网络化营销。如连天福生物科技发展有限公司分别与专业合作社、林农合作，建立林下种植冠豸山铁皮石斛基地1500多亩。同时，与福建农林大学、福建农科院、福建中医药大学合作，开展铁皮石斛林下种植丰产技术研究，开发冠豸山铁皮石斛养生饮料等产品，在推动全县林下经济产业集群化发展中发挥了重要作用。还培育了华鸿鹿业有限公司、蓝裕农业生态发展有限公司、曲峰笋制品有限公司、星光三星级森林人家等龙头企业，有力推进了林下经济发展。

三是强化服务，为林下经济健康发展保驾护航。首先，加强政策扶持。安排专项资金，对标准化生产达到一定规模的繁育基地、种养殖户、合作社、加工企业给予资金扶持；对通过省级以上无公害、绿色、有机认证产品，获得市级以上名牌产品、知（著）名商标给予奖励；从农村经营规模贷款基金、风险基金贷款贴息、受灾保险等方面加大对林下经济发展的扶持力度。2014—2016年，累计争取中央和省级财政1520万元用于扶持林下经济发展。同时，积极协助珍稀野生动植物种养户办理生产经营加工许可证，确保合法生产和经营。其次，加强市场培育。鼓励和支持林下经济龙头企业争创著名商标、知名品牌，注册地理标识，在全国大中城市设立销售网点，建设网上销售平台，提高连城县林下经济产品的知名度和市场竞争力。2013年，冠豸山铁皮石斛获评国家地理标志。充分发挥"互联网+"的作用，利用遍布全县农村的淘宝网络平台，销售林下经济产品，引导林下经济经营者以销定产，化解产品销售风险。再次，加强技术支撑。积极促进产、学、研相结合，促成科研成果、专利技术、实用技术等应用到连城县林下经济发展。鼓励和支持林下经济经营者与科研院（所）合作，开展林下经济种养业技术研究，破解技术术难题；研究制定林下经济标准化生产体系，并推广运用。聘请知名专家、学者到连城县举办林下经济种养业培训班，通过林业技术推广平台，推广林下经济实用项目和技术，提高林下经济从业者的专业技术水平。

经过多年努力，全县林下经济取得长足发展。至2016年年底，全县林下经济经营面积176.46万亩，实现产值23.65亿元，从业户数（含企业、农户）5305户，促进了广大林农增收致富。

## （二）村集体统一规划打造，全村农民共同参与

"林改第一村"森林景观利用发展模式案例：有着"林改第一村"美誉的江西省武宁县罗坪镇长水村，位居九岭山脉中段武宁岩向北延伸的一支分脉之中，全村被群山环抱，峰峦秀耸，古木参天，是一个典型的林区村。长水村地域面积84平方公里，其中耕地面积1380亩，山林面积12.4万亩，森林覆盖率达93.7%。先后被评为"全国生态文化村""国家级生态村""全国绿色小康示范村""全国生态示范村"和"江西省文明村镇"。其发展森林旅游

的主要做法有：

一是村两委会倾力打造，引导农户共同参与。长水村两委会倾力打造原生态宜居宜业宜游和谐新长水，同时引导农民参与创办农家特色餐饮店，垂钓场，突出"吃农家饭、游农家园、赏神奇山水、领略民俗风味"的农家乐旅游特色，以此带动村民增收致富。游客不仅可观光、采摘、收获农产品、体验农作、了解农民生活、享受乡土情趣，而且可住宿、度假、游乐，甚至部分劳动过程可以让旅游者亲自参与、亲自体验。休闲农业可以增加长水农业与农村发展的功能，增进民众对农村与农业的体验，提升旅游品质，并提高农民收益，促进农村发展。目前已初步形成以餐饮、休闲、娱乐、农特产品销售于一体的休闲农业旅游发展框架。

二是重视旅游规划，不断完善。长水村通过"一带、一心、三区"的模式发展休闲农业。一带：生态水域风情观光带。一心：旅游接待与集散服务中心。三区：民俗文化采风区、户外运动休闲区、农家田园体验区。不断加大投入，完善各项旅游基础设施，项目区内道路通畅，路标、说明牌、路灯、停车场、餐厅、住宿一应俱全。消防、安防、救护等设备完好、有效。建立了符合环保标准的农村垃圾无害化设施。长水村在大力发展休闲农业与乡村旅游的同时，十分注重对景区生态环境的保护，努力实现生态保护与经济发展双赢。

三是大力发展林下经济，引导林农养蜂、养鸡及生产香菇、板笋、山栗、野生猕猴桃等林副产品，使林农收益比以前大大提高。

2017年，全村人均纯收入达到15000元（其中林农产业人均纯收入3800元），高于全县平均水平，全年接待森林旅游游客52000余人次，旅游收入230万元。

### （三）创新"五统一分"模式，通过规模经济促进林业产业扶贫

赣州市探索油茶产业适度规模经营案例：2015年，江西省赣州市油茶林面积达243万亩。其中，新造高产油茶林基地78万亩，改造低产油茶林35万亩，老油茶林130万亩。在发展过程中，赣州市把油茶产业列为"现代农业攻坚战"和"扶贫攻坚战"的重要攻坚项目，在充分尊重农民意愿的前提下，以积极稳妥推进林地流转深化改革为突破口，探索多种形式适度规模经营，促进产业扶贫。截至2015年年底，累计约3万户贫困户、13.5万贫困农民参与油茶产业发展，人均年均增收800多元。通过实践摸索总结出的"五统一分"经营模式，受到农民群众普遍欢迎。其主要做法有：

一是统一规划，即由林业主管部门专业技术人员到现场统一规划、设计，并进行技术培训。

二是统一整地，即使用机械按设计标准统一整地，提高了工作效率。

三是统一购苗，即统一到省定点育苗单位采购高产品种优质苗木，确保使用良种壮苗造林。

四是统一栽植，即集中组织劳力统一整地后，施足基肥，组织农户或聘请专业队伍按栽植标准定植。

五是统一抚育，即油茶栽植以后，根据油茶幼林抚育技术规程，集中组织劳力，统一抚育。

六是分户经营，栽植后分户至各户经营管理。如寻乌县南桥镇下廖村采取"五统一分"模式，吸纳10个小组374户1559人（其中贫困人口314人），连片营造油茶面积4500亩，基地建成投产后将成为贫困户脱贫、农民致富的主导产业。于都县采取"五统一分"产业发展帮扶模式，组织8000余户、4万余人参与油茶产业发展。据不完全统计，全市采用"五统一分"经营模式种植油茶面积达10.5万亩。

"五统一分"经营模式取得了显著成效。一是，解决了统一规模经营问题。林权制度改

革后，集体林权被分包到千家万户，林地碎片化问题突出，不利于相对连片集中经营。"五统一分"经营模式，有效地将碎片化林地连片集中起来，实现了规模经营；二是，解决了集约经营问题。由于多数农民没有掌握油茶经营的科学技术，各家各户分散经营难于将现成的油茶高产栽培技术推广普及到千家万户。"五统一分"经营模式，林业部门派出技术人员实行统一技术培训，统一手把手传授各环节高产技术，提高了油茶造林、抚育、施肥、修剪整形等环节的质量。同时，林农在实践中可以互相学习，互相借鉴，取长补短，基地内油茶林很快可实现集约经营；三是有效解决了基础设施建设难协调、难施工问题。林地分包到户后，占用林地在林区修建道路、灌溉设施等基础设施，要协调千家万户农户是一项十分困难的事。由于"五统一分"经营模式惠及千家万户农民，大家都企盼早日通路、通水；四是有效降低了林地开发和经营成本，提高了经济效益。"五统一分"的"五统"，不仅保障了开发施工标准和质量，而且大大降低了开发、施工、采购、组织管理的成本，提高了经营油茶的经济效益；五是解决了林农担心因林权流转而丢失的问题。在一些地方，林地被流转后，因流转期限长，不少农民担心时间长了，林权可能丢失，出现了林地流转难问题。"五统一分"林权不需流转，各家经营各家的地，经营技术又有林业部门统一指导和管理，经济效益又高，农民像吃了定心丸，"五统一分"模式很受农民欢迎；六是解决了偷盗问题。"五统一分"模式使得家家户户都有油茶林，你有我有大家有，你不偷我，我不偷你，而且大家相互照看、相互帮助，防盗问题迎刃而解。

"五统一分"经营模式，经过探索实践有效地解决了制约油茶基地建设发展的问题，已成为油茶产业快速发展的有效模式，作为一种行之有效的新机制，正在全市各地推广开来，极大促进了农户增收。

#  问题与建议

## 一、南方集体林区林业产业发展存在的问题

### （一）林业第二、三产业占比过低

近年来，南方集体林区林业产业总体的发展速度较快，但是林业第二、第三产业的发展速度相对缓慢。四省林业三次产业的比例关系中，除福建和江西林业二、三产业发展较好，湖南和云南第二、三产业所占比例仍然不高。第二产业主要加工制造林业的初级产品，生产的产品科技含量低，在市场上缺乏竞争力；第三产业发展速度相对缓慢，生产总量的绝对值偏低，森林旅游和休闲服务作为林业第三产业中的主导产业，广告宣传和资金投入不到位。

### （二）林产品附加值低

林业发展缓慢，产业结构不合理的原因也在于生产的林产品大都品种单一、附加值低、主要提供初级林产品等以及中间林产品为主。比如第一产业提供的普通的原木、花卉和经济林木等，缺少生态林木和高级经济林木等技术含量高的初级林产品；第二产业主要生产的木材制品有胶合板、纸浆、林化学品等技术含量低的中间制品，鲜有自己的龙头企业和品牌，监测四省中仅江西省以家具制造业为主，其余各省家具制造业的占比并不高，说明本土的家具厂商并没有得到消费者的认可，提高生产水平提高生产水平，提供优质的林木制品是第二

产业发展的目标和方向；第三产业林业生态服务和林业专业技术服务动力不足。

以毛竹为例，江西监测农户竹林面积占林地面积38.01%，在林地类型中排在第一位，具有丰富的毛竹资源。然而从监测期来看，竹林收入在农户林业收入中占比并未有明显增长。究其原因，是由于林产品，如毛竹、竹笋等主要都是以直接销售原材料为主，缺乏产品的深加工利用，产品附加值低。调研显示，由于毛竹价格低廉（8~10元一根），而毛竹采伐成本较高，因而林农毛竹采伐积极性较低，很多农户都是以5~10元一根甚至更加低廉的价格承包给别人采伐，不仅不利于林农增收，也极大影响了林农营林积极性。

### （三）新兴产业发展速度低

由上文对林业产业结构的变动分析可知，森林旅游、花卉种植、陆生野生动物饲养及非木质林产品加工制造等新兴产发展速度缓慢，不及所属产业的总体发展速度。如，云南省森林资源丰富，但森林旅游对于云南省来说还是新兴产业，仍存在着缺乏宣传、认可度不够，对林业产业发展的贡献度较低。目前花卉业的发展势头很足，有很大的市场，随着生活水平的提高，人们对绿化、盆栽和鲜花等的需求都在增加，花卉业的发展可以成为带动林业产业发展的新经济增长点。在传统林业产业增长乏力的情况下，培育新兴产业，特别是不耗费森林资源的新兴产业就显得尤为重要。

### （四）林业科技创新投入不足

林业科技水平落后，创新能力不强，专业人才短缺。林业科技创新的周期长，风险大，生态效益多于经济效益，所以很难吸引资金的流入，只能依靠政府的支持。资金的投入有限，用处广泛，流向科学技术创新的资金不足，这种情况影响了生产方式的创新和科学技术水平的提高。另一方面，缺少林业方面专业人才，也导致科技创新能力的不足，从而影响林业科技水平的提高。

### （五）林业产业组织化程度低

林业合作社发展缓慢，难以带动农户获得林业经营的规模效益。一方面，林业专业合作社数量较少。报告分析显示林业专业合作社的发展对农户林业就业和林业增收都具有良好的效果，但林业专业合作社覆盖度不高。村级监测调查显示，2017年，有59个村有林业专业合作社，仅占样本村比例的29.50%，入社农户仅占村农户数量5.91%；尽管和往年相比林业专业合作社的数量和参与农户数有了一定增长，但是其比例仍然偏低。另一方面，林业专业合作社的"专业合作"职能需要加强。以江西省为例，江西省监测区的林业专业合作组织大部分是林农的联合体，没有很强的政策保障及政府支撑，资金、技术和管理能力都相对较弱，其在林业生产经营活动中未能有效发挥其应有的"专业合作"职能，从而导致农民经营林地的市场意识落后、产品标准化低、市场竞争力弱、林业规模经济不明显等问题难以解决，促进农户增收的效果也较弱。

## 二、构建南方集体林区林业产业发展和带动农民就业增收的长效机制与政策建议

### （一）加强林业第二、三产业发展，优化林业产业结构

根据上文林业产业结构数据分析，可以看出目前南方集体林区林业产业的构成比例相

对稳定，第一产业的比例在下降，第三产业的比例有所上升，但是目前上升的幅度较小。林业第一产业的产值在总产值中的占比有所降低，但这并不意味它的重要性降低，林业第一产业仍是林业产业发展的基础，应该稳步发展第一产业，大力发展第二、三产业。现阶段，林业产业的发展稍显依赖第二产业，第三产业的发展略显滞后。因此要大力发展第三产业，不断缩小与第一、二产业的规模差距。根据实际需要，加强政府的宏观引导调控，在保持第一产业快速发展的同时，优先发展特色突出的第二产业，为森林旅游提供良好的条件，推进第二、三产业健康高速的发展提升。立足于林业第一产业，采用借鉴国内外先进的森林经营方法，用科学合理的林木培育方法提高林木的质量，为第二、第三产业提供优良的林木资源；在此基础上提高林业第二产业的生产技术水平，提高林产品附加值，增强林木加工品在市场上的认可度和竞争力；进一步引导第三产业的合理化和高度化发展，林业第三产业是集生态功能和经济功能为一体的绿色发展产业，应该从政策和资金方面倾斜和扶持，从而引导和扶持第三产业取得长足的进步。

## （二）发展林业主导产业，辐射带动林业产业发展

主导产业的选择和发展对于林业产业的未来发展具有非常重要的意义，主导产业可以带动产业内其他产业的发展，应该因地制宜、大力培育林业产业的主导产业。根据上文林业产业结构数据分析，总体来看，林业第一产业需要优先发展的主导产业是经济林产业；第二产业需要优先发展的是家具制造；第三产业需要优先发展的产业是林业旅游产业。以林业产业的主导产业为核心，对其他林业产业形成辐射和带动作用是林业产业结构调整的重点，对实现林业产业的整体发展来说意义重大。与林业产业产值关联度大，并且发展速度快的产业是重点扶持对象，面对传统的林业主导产业，要逐步进行转型升级，提高产业的科技水平和林产品的附加值；面对未来有望成为主导产业的新兴产业，需要当地政府给予适当的引导，制定税收方面的优惠政策以及在资金上给予借贷便利。

## （三）增加林业资金及科技投入，助力林业产业发展

林业产业的发展多数周期长，生态效益明显，经济效益不足，需从以下几个方面增加林业资金及科技投入，助力林业产业发展。第一，资金方面给予一定支持，推进开展林权抵押贷款业务。其次，对科技创新和人才培养方面增加资金投入，大力培养林业方面的专业人才，提高劳动者素质。再次，探索和引进研究项目，鼓励高校产学研结合，提高林业产业的创新能力。第四，对林业进行数字信息化建设，实时监控森林的动态情况，及时发现问题，建立长期的反馈机制，推进林业产业与市场的进一步融合。

## （四）重点支持林业龙头企业，大力发展林产品加工业

现代林业的发展需要全产业链经营，林业龙头企业从事林产品加工业，不但可以支持集体林区区域经济的发展，而且通过"龙头企业+合作社+农户"的模式带动林业全产链发展，帮助林区农户致富。因此，集体林区要面向市场，结合区域林业资源优势，确立林业主导产业，建立相关林业生产基地和培育大型龙头企业，引导农民调整林业经济结构，把农户林业经营纳入龙头企业的产业链。要形成对重点林业龙头企业的支持就是对现代林业的支持政策理念，主要建议：一是林业龙头企业在用地、融资、税收、项目等方面可享受农业龙头企业同等待遇；二是支持林业龙头企业与当地林业专业合作社合作，建立稳定的"企业+合作社+农户"合作利益关系，政府在财政项目、融资、税收、用地等方面向这类经营模式倾斜；三

是支持林业龙头企业与高校科研院所的合作，提升企业的科技创新能力。集体林区林业龙头企业普遍存在科技创新能力不足、产品竞争力不强等问题，政府可双向引导校企合作，对校企合作的科研项目给予重点支持。

### （五）因地制宜发展林下经济，发展村集体经济带动农户增收致富

充分利用林地资源，合理规划发展森林旅游、林下种养等新兴林下经济产业，是林农实现经济创收的新路径。如，江西"林改第一村"武宁县的长水村在妥善保护自然生态、原居环境和历史文化遗存的前提下，合理利用资源，由村集体统一规划打造，全村农民共同参与发展乡村生态旅游，带动了全村林农增收致富。

各地林下经济发展尚在起步阶段，仅依靠农户的力量难以发展壮大，需要由政府推动，村集体经济组织或合作社主导，引导农户参与。一是强化政府行政推动。各级政府在集体林区开展精准扶贫和发展现代林业工作中，要依据各地资源禀赋和市场需求，选准林下经济的特色产业，并引导林业龙头企业或合作社进入，同时，制定相应的发展林下经济政策以引导农户参与；二是发挥村集体经济组织或合作社的主导作用。林下经济特色产业发展要与市场相对接，然而分散农户小规模经营林下经济难以形成有效的市场需求，林下经济发展需要区域集体统一的科学规划，统一标准，统一品牌，统一销售，形成区域的林下经济特色产业相对集聚的规模效应。三是引导农户广泛参与。林下经济的发展需要农户广泛参与以形成区域产业规模发展，各地要在技术、融资、示范、销售等方面制定相应激励制度引导农户参与。

### （六）加强对林业专业合作组织和林业大户的扶持力度，强化对林农增收的示范带动作用

由于林业专业合作组织的形成集结了大量利益相关的农户，增加了林农在林产品供给市场上的谈判地位，因此林业专业合作组织在对抗市场风险，降低交易成本，提高市场交易效率，增加林农收入等方面发挥着重要的作用。监测数据也显示村级林业专业合作社的发展对农户林业就业和增收都具有较大促进作用。但是，调研区的林业专业合作组织数量有限，并且大部分是林农的联合体，没有很强的政策保障及政府支持，资金、技术和管理能力都相对较弱，使得其在林业生产经营活动中未能有效发挥其应有的"专业合作"性质。因此，政府应结合林区实际情况，对农户组建新的林业专业合作组织提供方向引导，在资金、技术支持等方面政策要给予扶持，以提高现代林业生产经营活动的效率。其次，林业专业合作组织的相关制度政策也需要尽快完善，以使得林业专业合作组织能有效集合组织内部的资金、劳动力、技术等多种资源信息，达到组织内林业生产增效的目标。第三，需要注意的是，目前广大农户对林业专业合作组织的认识不足，没有真正了解到合作组织为林农带来的切实利益，所以大都持观望和无所谓的态度，所以，政府应将林业专业合作组织的功能宣传到位，积极引导农户参与其中，切实享受到专业合作组织为林业经营带来的有关技术、市场、信息等方面的优势。

由于林业大户具有较强的示范效应，扶持林业大户有利于促进林农林业收入增加。政府应根据当地林业资源优势，因地制宜，依据"一村一品"的原则，每个村至少扶持一个林业大户，并对林业大户的林业发展方向进行引导，在林业大户自身资源优势基础上，给予资金、技术等方面的帮扶，使其成长壮大，成为本地林业经济的发展标杆，从而发挥更强的示范带动作用。

2019
集体林权制度改革监测报告

# 乡镇林业站改革发展现状及对策

当前，与新一轮党政机构改革同步推进的事业单位分类改革正在进行，乡镇街道机构改革也在部分省份有序展开。为全面总结作为林业工作最基层的乡镇林业站历次机构改革的经验教训，及时了解乡镇林业站包括职能定位、管理体制、人员编制、岗位设置等方面的现实状况，以及在工作运行中存在的各种矛盾和问题，剖析矛盾问题产生的原因，研究探讨在即将全面展开的乡镇街道机构改革中对乡镇林业站的改革，如何借鉴历次改革的先进经验，克服在改革中出现的弊端，全面完善创新乡镇林业站的体制机制，在新的历史时期最大限度地发挥乡镇林业站在农村林业工作主阵地的政策宣传、资源管护、生产组织、林政执法、科技推广和社会化服务职能，由财政部农经司牵头，国家林业和草原局经济发展研究中心组织实施的"集体林权制度改革相关政策问题研究"课题组，于2018、2019两个年度，采取实地走访、与林业主管部门乡镇政府、乡镇林业站座谈交流、问卷调查等方式先后开展了对辽宁、山东、湖南、云南、广东、贵州、四川、河北、陕西、江西、广西、重庆、安徽、北京等14个省（自治区、直辖市）30个县（市、区）92个样本乡镇林业站的专题调查研究。现将调研情况以及调研组综合各方面意见提出的进一步深化完善乡镇林业站以机构改革为主的各项改革，全面提升乡镇林业站的管理水平和服务能力的政策建议综合报告如下。

# 基本情况

## 一、乡镇林业站改革发展历程

调研显示，20世纪50年代，东北重点林区和南方集体林区中的部分样本县区，根据工作需要，开始探索组建乡镇林业工作机构。十一届三中全会以后，乡镇林业站建设在多数样本县区陆续展开。1987年，林业部将基层林业工作机构建设作为林业改革的重点工作之一，全面强化了对乡镇林业站建设的组织领导和重点支持，全国性的乡镇林业站建设进入快速发展阶段。经过连续几年的努力，基本实现了全国乡镇林业工作建站的全覆盖。在此基础上，为加强对乡镇林业站建设的工作指导，林业部（后更名为国家林业局，现为国家林业和草原局）于1988和2000年先后发布了《区、乡（镇）林业站管理办法》《林业站管理办法》，推动了乡镇林业站业务水平和工作质量的进一步提高。2006年，国务院在下发的《关于深化改革加强农业推广体系建设的意见》中，特别明确了乡镇林业站的公益属性，要求将乡镇林业站履行公益性职能所需经费列入财政预算，从体制机制上强化了乡镇林业站的工作地位。2012年，原国家林业局又专门出台了《乡镇林业站工程建设标准》并从相关政策和资金投入等方面给予全力支持，全国乡镇林业站的科学化、规范化、标准化建设步伐明显加快。

与此同时，乡镇林业站随着中央统一安排部署的历次党政机构改革和始于2004年的撤乡并镇并村、对乡镇"七站八所"的分解整合、2012年对事业单位的分类改革，以及相关省份为适应林业工作发展需要自行开展的调整改革，乡镇林业站在管理体制上，经历了从乡镇政府行政部门到事业单位；在单位性质上，从全额拨款到差额拨款，从差额拨款到自收自支，再从自收自支、差额拨款到全额拨款；在隶属关系上，从县级主管部门派出单位，到县林业部门和乡镇双重领导，再到乡镇管理部门；在管理权限上，经历了下放收回，收回下放，再收回再下放；在机构设置上，从单独建站到与农林水牧合署办公，合了再分、分了再合等多次反复；单位名称也从林业站到林业科技推广站、林业环保站、林业服务中心、农业服务中心、农业综合服务中心的多次变化；在人员管理上，林业站职工也随着单位性质的变化同样经历了由行政干部、国家公务员和全额、差额、自收自支事业单位编制几种身份的不断转换。所有样本省区乡镇林业站的管理体制、机构设置、人员编制从2012年事业单位分类改革之后进入了一个相对的稳定期。

## 二、改革后乡镇林业站组织建制现状

2018、2019两个年度的调研显示，92个样本乡镇站的管理体制，由2012年事业单位分类改革前的33个县林业主管部门派出机构、23个乡镇管理部门和36个同时接受县林业局和乡镇双重领导单位，转变为改革后的24个县林业主管部门派出机构、37个乡镇管理部门和31个双重领导单位。三种管理模式占乡镇总数的比例分别由改革前的35.9%、25%和39.1%转变为改革后的26.1%、40.2%和33.7%，呈现出明显的县直管和双重领导比例逐步缩小，乡镇管理比例明显上升的趋势。单位属性则由改革前的65个全额拨款，13个差额拨款，14个自收自支单位，转变为改革后的83个全额拨款，5个差额拨款，4个自收自支单位。全额拨款单位由改革前占样本总数的70.65%上升到改革后的90.22%。其中2018年度调研的28个样本乡镇林业站由改革前尚有7个差额拨款和自收自支单位，全部转化为全额拨款事业单位。差额拨款和自收自支单位则由改革前的27个减少到9个，占所有样本乡镇总数的比例则从改革前的29.3%下降为改革后的9.78%（具体情况见调研截止时间不同的2018、2019两个年度的统计表8-1、表8-2）。

表 8-1  2018 年度调研样本乡镇林业站机构改革情况统计

| 省名 | 县名 | 林业站数 | 改革前 | | | | | | 改革后 | | | | | | |
| | | | 单位性质 | | | 管理体制 | | | 单位性质 | | | 管理体制 | | | |
| | | | 全额 | 差额 | 自收自支 | 县局派出 | 乡镇机构 | 双重领导 | 全额 | 差额 | 自收自支 | 县局派出 | 乡镇机构 | 乡镇机构中综合站 | 双重领导 |
|---|---|---|---|---|---|---|---|---|---|---|---|---|---|---|---|
| 湖南 | 平江县 | 3 | 2 | 1 | | 3 | | | 3 | | | | 3 | | |
| | 洪江县 | 2 | 2 | | | 1 | 1 | | 2 | | | | 2 | 2 | |
| | 小计 | 5 | 4 | 1 | | 4 | 1 | | 5 | | | | 5 | 2 | |
| 山东 | 莱州 | 2 | 2 | | | | 2 | | 2 | | | | 2 | 2 | |
| | 蒙阴县 | 3 | 3 | | | | 3 | | 3 | | | | 3 | 3 | |
| | 小计 | 5 | 5 | | | | 5 | | 5 | | | | 5 | 5 | |
| 辽宁 | 本溪 | 2 | 2 | | | | 2 | | 2 | | | | | | 2 |
| | 清原县 | 3 | 3 | | | | | 3 | 3 | | | | | | 3 |
| | 小计 | 5 | 5 | | | | 2 | 3 | 5 | | | | | | 5 |
| 广东 | 和平县 | 2 | | | 2 | 2 | | | 2 | | | 2 | | | |
| | 丰顺县 | 2 | 1 | 1 | | 2 | | | 2 | | | | 2 | 2 | |
| | 小计 | 4 | 1 | 1 | 2 | 4 | | | 4 | | | 2 | 2 | 2 | |
| 贵州 | 锦屏县 | 3 | 3 | | | | | 3 | 3 | | | | 3 | | |
| 云南 | 双柏县 | 3 | 3 | | | | 3 | | 3 | | | | 3 | | |
| 四川 | 威远县 | 3 | | | 3 | | 3 | | 3 | | | 3 | | | |
| | 总计 | 28 | 21 | 2 | 5 | 11 | 11 | 6 | 28 | | | 5 | 18 | 9 | 5 |

表 8-2  2019 年度调研样本乡镇林业站机构改革情况统计

| 省名 | 县名 | 林业站数 | 改革前 | | | | | | 改革后 | | | | | | |
| --- | --- | --- | --- | --- | --- | --- | --- | --- | --- | --- | --- | --- | --- | --- | --- |
| | | | 单位性质 | | | 管理体制 | | | 单位性质 | | | 管理体制 | | | |
| | | | 全额 | 差额 | 自收自支 | 县局派出 | 乡镇机构 | 双重领导 | 全额 | 差额 | 自收自支 | 县局派出 | 乡镇机构 | 乡镇机构中综合站 | 双重领导 |
| 北京 | 房山区 | 3 | 3 | | | | 2 | 1 | 3 | | | | 2 | | 1 |
| | 昌平区 | 2 | | 1 | 1 | | 1 | 1 | | 2 | | | | | 2 |
| | 小计 | 5 | 3 | 1 | 1 | | 3 | 2 | 3 | 2 | | | 2 | | 3 |
| 江西 | 崇义县 | 6 | 4 | 1 | 1 | 6 | | | 6 | | | 6 | | | |
| | 兴国县 | 6 | | 2 | 4 | 2 | | 4 | 4 | 1 | 1 | 2 | | | 4 |
| | 遂川县 | 6 | 2 | 1 | 3 | 6 | | | 3 | | 3 | 5 | | | 1 |
| | 修水县 | 5 | 3 | | 2 | 1 | | 4 | 5 | | | 1 | 1 | 1 | 3 |
| | 小计 | 23 | 9 | 4 | 10 | 15 | | 8 | 18 | 1 | 4 | 14 | 1 | 1 | 8 |
| 山东 | 平邑县 | 3 | 3 | | | | 1 | 2 | 3 | | | | 1 | 1 | 2 |
| 河北 | 张北县 | 1 | 1 | | | | 1 | | 1 | | | | 1 | 1 | |
| 陕西 | 延长县 | 4 | 4 | | | | 1 | 3 | 4 | | | | 4 | 4 | |
| | 镇安县 | 2 | 2 | | | 1 | | 1 | 2 | | | | 2 | 2 | |
| | 小计 | 6 | 6 | | | 1 | 1 | 4 | 6 | | | | 6 | 6 | |
| 四川 | 南部县 | 4 | 3 | 1 | | | 1 | 3 | 3 | 1 | | | 3 | 3 | 1 |
| | 南江县 | 6 | 4 | 1 | 1 | | 1 | 4 | 6 | | | 2 | 1 | | 3 |
| | 马边县 | 1 | | 1 | | | 1 | | | 1 | | | 1 | 1 | |
| | 沐川县 | 1 | 1 | | | | 1 | | 1 | | | | | | 1 |
| | 小计 | 12 | 8 | 3 | 1 | | 4 | 7 | 10 | 2 | | 2 | 5 | 4 | 5 |
| 重庆 | 武隆区 | 2 | 2 | | | | 2 | | 2 | | | | 2 | | |
| | 涪陵区 | 1 | 1 | | | | | 1 | 1 | | | | 1 | 1 | |
| | 小计 | 3 | 3 | | | | 2 | 1 | 3 | | | | 3 | 1 | |
| 安徽 | 金寨县 | 4 | 4 | | | 3 | | 1 | 4 | | | 3 | | | 1 |
| | 休宁县 | 2 | 2 | | | 2 | | | 2 | | | | | | 2 |
| | 小计 | 6 | 6 | | | 5 | | 1 | 6 | | | 3 | | | 3 |
| 广西 | 平果县 | 3 | 3 | | | | | 3 | 3 | | | | | | 3 |
| | 环江县 | 2 | 2 | | | | | 2 | 2 | | | | | | 2 |
| | 小计 | 5 | 5 | | | | | 5 | 5 | | | | | | 5 |
| 总计 | | 64 | 44 | 8 | 12 | 22 | 12 | 30 | 55 | 5 | 4 | 19 | 19 | 14 | 26 |

从乡镇林业站的机构设置情况看，2012年事业单位分类改革以后，有相当一部分林业站的工作职能划归乡镇农林水牧合署办公的农业综合服务中心。据统计，两个年度调研的92个样本乡镇林业站合并到农业服务中心的综合站有23个，占全部样本乡镇林业站的25%，在综合站中只有四川马边县、江西修水县和陕西镇安县的4个站保留了林业站的牌子，其余的大多在综合服务中心设置了专门负责林业工作的岗位，个别乡镇的林业工作由服务中心临时指定相关人员去完成。单独建站的有69个，占样本乡镇林业站总数的75%（具体分布情况见表8-1、表8-2）。根据新一轮党政机构改革将草业、湿地、公园管理职能划归林业部门的变化，湖南省洪江市将业务扩充后的乡镇林业站更名为林业服务中心，云南省双柏县林业局在

履行草原管理职能的同时,将林业站的名称直接改为林草中心。

从乡镇林业站的人员编制情况看,历次机构改革均呈现出人员逐步压缩的趋势和一些地区核定编制不能全面落实的情况。调研期间,安徽省林业厅向调研组提供了省厅自行组织的对乡镇林业站调研获取的数据,从1992年开展撤乡并镇以来,乡镇林业站人员编制一直处于大幅裁减的状态。仅2000年开展的乡镇机构改革,一次性裁员就达到43%。国家林业和草原局2018、2019两个年度调研的具有完整数据的23个县(市、区)60个样本乡镇林业站,2012年事业单位分类改革前共有编制388人,改革后核定为314人,实际在编281人,编制压缩和未落实编制的比例分别达到19.07%和10.51%。湖南省平江县和洪江市的5个样本站改革前编制为97人,改革后核定为68人,缩减编制29.9%,目前实际在编57人,编制未落实的比例达到41.2%;广东省和平、丰顺两个县4个样本乡镇改革前实有编制27人,改革后核编10人,编制压缩62.96%。

从人员结构和岗位分布情况看,在两个年度调研的60个有效样本乡镇林业站的281个实际在编人员中,具有大学以上学历的136人,占在编人员的48.40%。中专学历65人,占比为23.13%;具有高级职称15人,占比5.33%。中级职称91人,占比32.38%。初级职称70人,占比24.91%。在编人员中专业技术人员141人,占比50.18%;在编人员中长期驻村、担任村支部书记65人,占比23.13%;改做其他工作转岗人员40人,占比14.24%;专职从事林业工作的176人,占比62.63%。具体情况见表8-3、表8-4。

表8-3　2018年度调研样本乡镇林业站人员结构岗位分布情况统计

| 省名 | 县名 | 乡镇林业站数 | 改革前编制数 | 改革后核定编制数 | 实际在编人数 | 岗位分布 | | | 学历 | | 职称 | | | 林业专业人员 |
|---|---|---|---|---|---|---|---|---|---|---|---|---|---|---|
| | | | | | | 担任支部书记 | 驻村干部 | 改做其他工作 | 专职林业工作 | 大学以上 | 中专 | 高级 | 中级 | 初级 | |
| 湖南 | 平江县 | 3 | 78 | 54 | 38 | 2 | 16 | 10 | 10 | 18 | 9 | 1 | 17 | 25 | 20 |
| | 洪江市 | 2 | 19 | 14 | 14 | | 6 | 1 | 7 | 9 | 1 | | 6 | 3 | 9 |
| | 小计 | 5 | 97 | 68 | 52 | 2 | 22 | 11 | 17 | 27 | 10 | 1 | 23 | 28 | 29 |
| 山东 | 莱州 | 2 | 2 | 2 | 2 | | | | 2 | 1 | | | 2 | | 1 |
| | 蒙阴县 | 3 | 5 | 5 | 5 | | | | 5 | 2 | 3 | | 2 | 3 | 5 |
| | 小计 | 5 | 7 | 7 | 7 | | | | 7 | 3 | 3 | | 4 | 3 | 6 |
| 辽宁 | 本溪市 | 2 | 10 | 10 | 10 | | | | 10 | 8 | | | 3 | 2 | 6 |
| | 清原县 | 3 | 22 | 22 | 22 | | | 11 | 11 | 9 | 9 | 1 | 6 | 8 | 12 |
| | 小计 | 5 | 32 | 32 | 32 | | | 11 | 21 | 17 | 9 | 1 | 9 | 10 | 18 |
| 广东 | 和平县 | 2 | 14 | 4 | 4 | | 3 | | 1 | 2 | 2 | | 1 | | 2 |
| | 丰顺县 | 2 | 13 | 6 | 6 | | 5 | | 1 | 3 | 2 | | | | |
| | 小计 | 4 | 27 | 10 | 10 | | 8 | | 2 | 5 | 4 | | 1 | | 2 |
| 贵州 | 锦屏县 | 3 | 9 | 9 | 9 | | 8 | 1 | | 7 | 1 | | 1 | 5 | 1 |
| 云南 | 双柏县 | 3 | 14 | 14 | 14 | | | 1 | 13 | 5 | 4 | 2 | 5 | 7 | |
| 四川 | 威远县 | 3 | 24 | 21 | 17 | | | | 17 | 10 | 2 | 1 | 8 | 2 | |
| 总计 | | 28 | 210 | 161 | 141 | 2 | 38 | 24 | 77 | 74 | 33 | 5 | 51 | 52 | 56 |

表 8-4  2019 年度调研样本乡镇林业站人员结构岗位分布情况统计

| 省名 | 县名 | 乡镇林业站数 | 改革前编制数 | 改革后核定编制数 | 改革后实际在编人员情况（人） | | | | | | | | | |
|---|---|---|---|---|---|---|---|---|---|---|---|---|---|---|
| | | | | | 实际在编人数 | 岗位分布 | | | | 学历 | | 职称 | | | 林业专业人员 |
| | | | | | | 担任支部书记 | 驻村干部 | 改做其他工作 | 专职林业工作 | 大学以上 | 中专 | 高级 | 中级 | 初级 | |
| 北京 | 房山区 | 1 | 4 | 1 | 1 | | | | 1 | 1 | | | | | 1 |
| | 昌平区 | 2 | 21 | 18 | 15 | 1 | | | 13 | 9 | 6 | | 1 | 1 | 7 |
| | 小计 | 3 | 25 | 19 | 16 | 1 | | 1 | 14 | 10 | 6 | | 1 | 1 | 8 |
| 江西 | 崇义县 | 6 | 49 | 35 | 29 | | 2 | 5 | 22 | 18 | 6 | 3 | 9 | 4 | 18 |
| | 修水县 | 5 | 25 | 23 | 22 | | | | 22 | 8 | 6 | 4 | 8 | 2 | 12 |
| | 小计 | 11 | 74 | 58 | 51 | | 2 | 5 | 44 | 17 | 12 | 7 | 17 | 6 | 30 |
| 陕西 | 镇安县 | 1 | 5 | 5 | 3 | | 1 | | 2 | 1 | 2 | | 2 | | 2 |
| 四川 | 南部县 | 4 | 14 | 12 | 12 | 1 | 6 | 3 | 2 | 3 | 3 | 1 | 4 | 3 | 5 |
| | 南江县 | 3 | 14 | 14 | 11 | | | | 11 | 7 | 3 | | 3 | 2 | 7 |
| | 马边县 | 1 | 3 | 3 | 3 | | 3 | | | 1 | 2 | | 3 | | 2 |
| | 小计 | 8 | 31 | 29 | 26 | 1 | 9 | 3 | 13 | 11 | 8 | 1 | 10 | 5 | 14 |
| 重庆 | 武隆区 | 2 | 4 | 4 | 4 | | 1 | 1 | 2 | 3 | 1 | | | | |
| | 涪陵区 | 1 | 8 | 8 | 8 | | 3 | 5 | | 8 | | | 2 | 3 | 5 |
| | 小计 | 3 | 12 | 12 | 12 | | 4 | 6 | 2 | 11 | 1 | | 2 | 3 | 5 |
| 安徽 | 金寨县 | 4 | 16 | 15 | 13 | | | | 12 | 9 | 2 | | 6 | 2 | 12 |
| | 休宁县 | 2 | 15 | 15 | 14 | 1 | | 1 | 12 | 3 | | | 2 | 1 | 14 |
| | 小计 | 6 | 31 | 30 | 27 | 1 | | 1 | 24 | 12 | 3 | | 8 | 3 | 26 |
| 总计 | | 32 | 178 | 153 | 135 | 3 | 17 | 16 | 99 | 62 | 32 | 10 | 40 | 18 | 85 |

# 改革发展成效

## 一、乡镇林业站改革发展成效

### （一）实现了人员编制的大幅精简

调研显示，14省（自治区、直辖市）30个县（市、区）样本乡镇林业站经过历次改革实现了人员的大幅精简。彻底改变了部分地区乡镇林业站长期以来存在的机构臃肿、人浮于事的弊端。

### （二）固化了乡镇林业站机构设置的全覆盖

14个样本省区乡镇林业站尽管在历次机构改革中在管理体制、隶属关系上有过多次反复，但所有乡镇林业站的管理机构始终以不同的形式存在，尤其是在乡镇机构改革对"七站八所"普遍撤并的情况下，乡镇林业站单独建站的比例仍然高达75%。

### （三）提高了乡镇林业站的工作地位

经过历次改革，特别是全面贯彻落实国务院《关于深化改革加强农业推广体系建设的意见》，14省（自治区、直辖市）90.22%的样本乡镇林业站明确了公益属性，全部由过去的差额拨款和自收自支单位过渡到全额拨款事业单位，林业站履行公益性职能所需经费的全部和部分列入财政预算，既从体制机制上强化了乡镇林业站的工作地位，又从根本上解决了林业站工作经费不足和职工生活的后顾之忧，有效调动了林业站职工的工作积极性。

### （四）促进了乡镇林业站职能作用的发挥

各样本县提供的统计数据表明，多年来，各乡镇林业站认真履行包括政策宣传、资源管护、林政执法、生产组织、科技推广和社会化服务等工作职责，全面组织实施完成了国家和地方政府安排的一系列林业重点工程、乡村绿化美化和义务植树任务。特别是在新一轮集体林权制度改革过程中，面对纷繁复杂的工作任务，乡镇林业站既是组织、发动、引导群众的宣传员，深入现场开展外业调查、勘测划界，制定林地承包实施方案的技术员，化解各种林权纠纷的调解员，又是配套改革中推动林地林权流转、森林保险、林业规模化经营，协调林权抵押贷款，为林农提供产前、产中、产后服务，林业科学技术推广、开展技术培训指导咨询服务的服务员，从而确保了集体林权制度改革的顺利进行，发挥了任何社会组织不可替代的作用。

## 二、改革发展经验

### （一）高位推动

改革开放以来，乡镇林业站建设从机构设置的由点到面，管理体制的逐步科学，工作地位的不断提高，职能作用的全面发挥，每一次发展，每一个进步都是党和国家、地方各级人民政府从政治、经济、法规、行政多轮驱动强力支持的结果。中共中央国务院《关于加快林业发展的决定》，《中华人民共和国森林法》，国务院《关于深化改革加强农业推广体系建设的意见》对乡镇林业站建设作出了明确的法律规定和政策要求。福建、安徽、贵州等省市自治区人大常委会、省人民政府发布出台的《福建省森林条例》《安徽省实施<中华人民共和国森林法>办法》《贵州省关于切实加强天然林资源保护工作的通知》等文件，从地方法规政策上确立了乡镇林业站的工作地位。多年来，作为国务院职能部门的国家林业和草原局（原林业部）和各级地方党委政府对乡镇林业站改革支持力度的不断加大，是乡镇林业站不断发展壮大的根本动力。

### （二）部门联动

乡镇林业站建设是一个系统工程，各项工作的推进需要相关部门的通力配合。调研显示，近年来，14个样本省区在当地党委政府的领导下，组织人事、发改财政、金融保险等相关部门按照各自的职责分兵把口，携手共进，确保了乡镇林业站适应现代林业的新的体制机制构建、机构人员编制到位和财政预算落实。所有样本省区乡镇林业站自收自支、差额拨款单位比例的大幅缩小，全额拨款单位占比的全面提升，单位性质和职工身份的彻底转换，业务工作经费的全面保障就是有力的证明。四川省威远县3个样本乡镇林业站，在2012年的事业单位机构改革中一举实现了"四个全部"：一是单位性质全部由差额拨款变为全额拨款；二是隶属关系全部由乡镇管理变为县局派出；三是现有在编人员全部专职从事林业工作；四是专项业务经费全部纳入财政预算。在此基础上，3个工作站改革后一个站有了独立的工作场所，一个站增加了办公室的实有面积。在人员配备上，3个工作站的17个在编在岗人员中具有大学以上学历的就有10人，占比达到58.8%，具有高中级职称的9人，占比达到52.9%。所有这些目标的实现，没有相关部门的配合支持是完全不可能的。

## （三）自身主动

自身主动是指林业管理部门在改革发展中充分发挥自身的主观能动作用。主要体现在两个方面：一是在改革前和改革进行的过程中，相当一部分样本县区林业主管部门按照上级部门的统一安排部署，结合当地的实际情况，从最大限度发挥基层林业管理部门职能作用的目标出发，对乡镇林业站的机构设置、管理体制以及人员编制等方面的问题，积极争取主动向党委政府和人事、编制、财政等有关部门建言献策，取得了令人满意的效果；二是在改革后，县林业主管部门和乡镇林业站从强化内部管理全面提升林业站的管理水平入手，建立健全了包括森林资源保护、林业科技推广、林政执法和从站长到工作人员的岗位职责、廉政建设等一系列规章制度以及与此相配套的严格的目标管理考核细则并在实践中全面贯彻执行，极大地提高了乡镇林业站工作质量水平和社会化服务能力。

# 问题与建议

## 一、改革发展中存在的问题

### （一）改革太过频繁，乡镇林业站机构队伍和人员思想稳定受到一定程度冲击

乡镇林业站管理体制、单位性质、组织建制、人员编制、职工身份频繁的变革调整，虽然每次革新都体现出一定的历史进步和哲学意义上的扬弃，推动着基层林业工作的向好发展。但同时也对乡镇林业工作的正常开展和林业站工作人员安心基层、献身林业的思想造成一定程度的负面影响。

### （二）机构改革偏重于编制数量的精简，对人员结构的优化有所忽视

调研显示，部分地区对乡镇林业站机构的历次改革明显侧重于编制数量的减少，而忽视了人员配置结构的整体优化，甚至将编制压缩到无法开展正常工作的程度。原国家林业局出台的《乡镇林业工作站工程建设标准》对山区及半山丘陵区和平原及牧区乡镇林业站按照1～3三个级别，分别规定了林地面积和工作人员的配备标准（表8-5）。

表8-5 乡镇林业站工程建设人员配备标准

| 地区类别 | 级别 | 面积标准 | 人员配备标准 |
| --- | --- | --- | --- |
| 山区及半山丘陵区 | 一级 | 15万亩以上 | 7～10人 |
|  | 二级 | 4.5万～15万亩 | 5～7人 |
|  | 三级 | 4.5万亩以下 | 3～5人 |
| 平原及牧区 | 一级 | 4.5万亩以上 | 5～7人 |
|  | 二级 | 1.05万～4.5万亩 | 4～5人 |
|  | 三级 | 1.05万亩以下 | 3～4人 |

综合两年调研的统计数据，样本乡镇林业站中58个山区及半山丘陵区站，拥有15万亩以上林地面积的有27个，人员编制达到一级站标准要求的有6个，实际在编符合要求的只有4个，分别占15万亩以上林地面积乡镇林业站总数的22.22%和14.81%；林地面积在4.5万～15万亩的样本站22个，核定编制和实际在编人员符合二级站人员配备标准的只有4个，占应该达到标准总数的18.18%；林地面积在4.5万亩以下的样本站9个，尽管核定编制有5个符合三级

站的人员配备标准，但实际在编人员只有1个站符合标准，符合标准的比例仅为11.11%。如果剔除在编人员转岗和长期驻村担任村党支部书记等因素，只统计在岗专职从事林业工作人数，58个山区及半山丘陵区样本乡镇林业站，只有四川省威远县、南江县和安徽省休宁县共3个站在人员配备上完全符合建站标准，仅占全部样本的5.35%。湖南省平江县长寿山镇林业站由原来的南桥、黄金洞和长寿镇3个站合并而成，管理林地面积57万亩，人员编制由原来的48人核减到28人，实际在编18人，在岗专职从事林业工作的只有14人。北京市房山区周口店和大石窝林业站林地面积分别为16.52万亩和2.34万亩，核定编制和实际在编均只有1人（表8-6、表8-7）。

表8-6　2018年度调研山区样本乡镇标准站建设情况统计

| 省名 | 县名 | 乡镇林业站数 | 管理林地面积（万亩） | 15万亩以上林林地一级站 | | | | 4.5万~15万亩林地二级站 | | | | 4.5万亩以下林地三级站 | | | |
|---|---|---|---|---|---|---|---|---|---|---|---|---|---|---|---|
| | | | | 拥有林地站数 | 编制符合标准站数 | 实际在编符合标准站数 | 在岗人数符合标准站数 | 拥有林地站数 | 编制符合标准站数 | 实际在编符合标准站数 | 在岗人数符合标准站数 | 拥有林地站数 | 编制符合标准站数 | 实际在编符合标准 | 在岗人数符合标准站数 |
| 湖南 | 平江县 | 3 | 88.9 | | | | | 2 | 2 | 2 | | 1 | 1 | 1 | |
| | 洪江市 | 2 | 48 | 1 | 1 | | | 1 | | | | | | | |
| | 小计 | 5 | 136.9 | 1 | 1 | | | 3 | 2 | 2 | | 1 | 1 | 1 | |
| 山东 | 蒙阴县 | 3 | 45.4 | 2 | | | | 1 | | | | | | | |
| | 莱州 | 2 | 18.4 | | | | | 2 | | | | | | | |
| | 小计 | 5 | 63.8 | 2 | | | | 3 | | | | | | | |
| 辽宁 | 本溪市 | 2 | 62 | 2 | | | | | | | | | | | |
| | 清原县 | 3 | 71.2 | 3 | 2 | 2 | | | | | | | | | |
| | 小计 | 5 | 133.2 | 5 | 2 | 2 | | | | | | | | | |
| 广东 | 和平县 | 2 | 34.1 | 2 | | | | | | | | | | | |
| | 丰顺县 | 2 | 63.3 | 1 | | | | 1 | | | | | | | |
| | 小计 | 4 | 97.4 | 3 | | | | 1 | | | | | | | |
| 贵州 | 锦屏县 | 3 | 65.75 | 2 | | | | 1 | | | | | | | |
| 四川 | 威远县 | 3 | 7.06 | | | | | | | | | 3 | 3 | 3 | 3 |
| | 总计 | 25 | 504.11 | 13 | 3 | 2 | 0 | 8 | 2 | 2 | 0 | 4 | 4 | 4 | 3 |

表8-7　2019年度调研山区样本乡镇标准站建设情况统计

| 省名 | 县名 | 乡镇林业站数 | 管理林地面积（万亩） | 15万亩以上林林地一级站 | | | | 4.5万~15万亩林地二级站 | | | | 4.5万亩以下林地三级站 | | | |
|---|---|---|---|---|---|---|---|---|---|---|---|---|---|---|---|
| | | | | 拥有林地站数 | 编制符合标准站数 | 实际在编符合标准站数 | 在岗人数符合标准站数 | 拥有林地站数 | 编制符合标准站数 | 实际在编符合标准站数 | 在岗人数符合标准站数 | 拥有林地站数 | 编制符合标准站数 | 实际在编符合标准站数 | 在岗人数符合标准站数 |
| 北京 | 昌平区 | 2 | 11.3 | | | | | 2 | 2 | | | | | | |
| | 房山区 | 2 | 18.86 | | | | | | | | | 1 | | | |
| | 小计 | 4 | 30.16 | 1 | | | | | | | | | | | |
| 江西 | 崇义县 | 6 | 108.81 | 4 | 1 | | | 2 | 1 | | | | | | |
| | 修水县 | 5 | 130.8 | 4 | | | | 1 | | | | | | | |
| | 小计 | 11 | 239.61 | 8 | 1 | | | 3 | | | | | | | |

(续)

| 省名 | 县名 | 乡镇林业站数 | 管理林地面积（万亩） | 15万亩以上林地一级站 | | | | 4.5万~15万亩林地二级站 | | | | 4.5万亩以下林地三级站 | | | |
|---|---|---|---|---|---|---|---|---|---|---|---|---|---|---|---|
| | | | | 拥有林地站数 | 编制符合标准站数 | 实际在编符合标准站数 | 在岗人数符合标准站数 | 拥有林地站数 | 编制符合标准站数 | 实际在编符合标准站数 | 在岗人数符合标准站数 | 拥有林地站数 | 编制符合标准 | 实际在编符合标准 | 在岗人数符合标准 |
| 陕西 | 镇安县 | 1 | 18.7 | 1 | | | | | | | | | | | |
| 四川 | 南部县 | 4 | 5.46 | | | | | | | | | 4 | 1 | | |
| | 南江县 | 3 | 42.1 | 1 | 1 | 1 | 1 | 2 | | | | | | | |
| | 马边县 | 1 | 11.38 | | | | | 1 | | | | | | | |
| | 小计 | 8 | 58.94 | 1 | 1 | 1 | 1 | 3 | | | | 4 | 1 | | |
| 重庆 | 武隆区 | 2 | 18.2 | | | | | 2 | | | | | | | |
| | 涪陵区 | 1 | 6.5 | | | | | 1 | | | | | | | |
| | 小计 | 3 | 24.7 | | | | | 3 | | | | | | | |
| 安徽 | 金寨县 | 4 | 70.54 | 2 | | | | 2 | | | | | | | |
| | 休宁县 | 2 | 37.92 | 1 | 1 | 1 | 1 | 1 | | | | | | | |
| | 小计 | 6 | 108.46 | 3 | 1 | 1 | 1 | 3 | | | | | | | |
| 总计 | | 33 | 480.57 | 14 | 3 | 2 | 2 | 14 | 2 | 0 | 0 | 5 | 1 | 0 | 0 |

### （三）乡镇林业站人员老化严重，技术力量不足

调研显示，14省区30个样本县从上到下普遍反映，各地为了控制编制，近十年来乡镇林业站基本没有招录补充新的工作人员，现在在岗人员大多属于50岁左右的老人。一是年龄偏大，难以适应林业工作大量的野外作业；二是知识老化，与发展现代林业的要求存在很大差距。从调研统计的情况看，尽管样本乡镇具有中高等学历和技术职称的比例分别达到职工总数的71.53%和62.62%，但林业专业技术人员的占比只有50.18%，与原国家林业局《林业工作站管理办法》规定的"林业站专业技术人员的比例应当不少于80%"要求相去甚远。且现有专业技术人员同样存在知识更新和急需加强培训提高专业技术水平、业务管理能力的问题。

### （四）经费不足依然是制约乡镇林业站正常运转的重要因素

改革后绝大部分乡镇林业站特别是定性为全额拨款事业单位的林业站经费问题得到有效解决。但目前仍属于差额拨款和自收自支单位的林业站，包括人员工资在内的各项费用支出依然捉襟见肘。个别从差额拨款和自收自支单位转为全额拨款单位的林业站，财政预算的标准与林业站的工作需要尚有较大距离。部分地区全额拨款乡镇林业站工资有了保障，但是没有足够的配套工作经费。许多样本站反映由于业务经费不足，林业站平时下乡车辆用油都由职工个人承担。湖南省平江县3个样本乡镇改革前作为县林业局的派出机构，每年由林业主管部门核拨的基本建设和业务管理费用加上各项政策性收费平均可达近200万元。下放乡镇管理后每人每年只有1600~3000多元不等的业务经费，只能应付日常的水费、电费、电话、网络报刊等项支出。云南省威远县山王镇林业站反映，该站属于县农林局派出机构，实际工作在乡镇，但享受不了在乡镇工作的待遇。县财政拨付乡镇人员费用的标准为1.4万元左右，而林业站按县级部门预算，每人每年只有0.7万元，无法满足林业站大量的野外作业和职能服务的资金需求。

### (五) 乡镇林业站基础设施建设与实际工作需求尚有一定差距

调研显示,14省区有相当一部分样本乡镇林业站存在工作所必需的办公用房、交通、通讯设施和用于林业调查设计、护林防火、野生动植物疫病防控和社会化服务等技术装备较差的问题。个别地区甚至出现平调占用现象。湖南某县在林业站下放乡镇后,本次调研的3个样本乡镇林业站原有的办公用房全部被乡镇改做他用。另据该县林业局几位已退休领导自发组织的调研反映,有的乡镇由于经费紧缺,原来配备的用于下乡的摩托车也全部停用。

## 二、乡镇林业站各种管理体制和模式的利弊分析

从单位性质的角度看,目前乡镇林业站全额拨款、差额拨款和自收自支三种管理形式中的差额拨款形式,国家和地方财政只负担单位的人员费用,其他费用自筹,而且人员的工资构成又分固定部分和非固定部分。自收自支形式单位,包括人员工资在内的所有费用都由单位自行筹集。这两种形式特别是核定为自收自支形式的林业站,在集体林权制度改革逐步深入,育林基金等项收费逐步取消,严格控制其他收费的情况下,单位面临愈来愈大的创收压力,致使林业站无法全身心地履行公益职能,工作的推进受到严重影响;而采用全额拨款形式的林业站,由于单位包括人员工资、业务经费等所有费用都由国家和地方财政提供,既消除了单位的创收压力,又解除了职工的后顾之忧,林业站的工作职能得到了空前的发挥。

从林业站机构设置的角度看,乡镇林业站单独建站的优势在于业务专一,较少外界干扰,有利于林业各项工作的全面完成。调研显示,在所有样本乡镇中,单独建站有两种模式:一是一乡一站,二是数乡一站。两种模式尽管在形式上有所不同,但在实质上都是林业工作的专门机构,在其职能作用的发挥上没有什么区别;乡镇林业站与农业、水利、畜牧等机构合署办公,一般的都有一个一站式服务的办事窗口,其优点在于为农民办理涉及其他部门的林业事项时提供了极大方便,但因合署办公后林业工作管理环节的增加和林业专业人员的大幅减少,相当一部分综合服务中心只有一名专管林业工作人员,甚至只保留林业工作职能不配备林业专职人员,从而造成了在实际工作中多头管理、相互掣肘和由于人手不足导致的本应由乡镇林业站承担的林业重点工程组织实施、森林防火、有害生物防治、对林农的林业科学技术指导、产前产中产后服务等大量工作的严重滞后。

从乡镇林业站隶属关系看,属于县林业主管部门派出机构、县林业局和乡镇双重领导、乡镇直接管理三种管理体制各有利弊。实践证明,作为县林业主管部门派出机构的乡镇林业站,有利于林业工作的统一领导和上下衔接,有利于林业执法和资源管理,有利于国家各项林业重点工程的组织实施和质量保证,有利于林业资金的统筹管理和集中使用,有利于林业站管理技术人员的调整配备和业务技术素质的提高。弊的一面的表现是,由于林业站人财物管理均属于县林业主管部门,乡镇无权过问,乡镇林业站又长期在外,由此形成了对乡镇林业站一定程度的管理监督缺位,也就是基层同志所讲的"管得着的看不见,看得见的管不着"。在县林业局和作为派出机构的林业站与乡镇党委政府沟通协调不力、工作配合不够的情况下,一是会出现林业站只接受部门领导,忽视甚至敷衍乡镇政府的倾向,从而导致主管部门与乡镇工作安排的脱节;二是会对需要乡镇配合的工作甚至整体工作的推进造成一定程度的负面影响;而由乡镇直接管理的林业站,其优势在于可以确保乡镇党委政府对林业工作

领导的政令畅通和乡镇林业工作目标的实现，同时有利于对林业站整体工作和职工工作实绩的考核监督。其弱点在于在实践中容易出现乡镇偏重于中心工作，大量使用林业站工作人员去完成诸如扶贫帮困、征地拆迁、村政建设、计划生育，甚至常年驻村、担任村支部书记等其他方面工作任务，忽略林业工作的倾向。贵州省织金县和湖南省平江县所有乡镇林业站改革后全部转为乡镇管理部门。织金县林业局提供的8个乡镇林业站的数据显示，28名在编人员中常年驻村、担任村支部书记、改做其他工作的人员为21人，占职工总数的比例达到75%；湖南省平江县3个样本乡镇38名实际在编职工有28名驻村或从事其他工作，占比达到73.68%；而四川省威远县9个作为县林业局派出机构的乡镇林业站，55名在编人员从事其他工作的只有13人，占比仅为23.63%，与乡镇管理的林业站形成了非常明显的对比。与此同时，属于乡镇政府管理的林业站，又容易出现林业站只重视乡镇党政领导，忽视业务主管部门工作指导和任务完成的问题；实施县林业主管部门与乡镇双重领导的林业站，两个领导机关如果协调顺畅、配合有力，正好从管理体制上克服和解决了乡镇林业站由县林业主管部门派出和乡镇直接管理出现的诸多弊端。但在实践中这种管理体制同样存在需要进一步完善的环节。一是两个管理主体由于权责划分不清出现的决策和执行成本的增加。二是在双重管理体制下：一方面，乡镇虽然主导着对林业站人财物的管理，但缺乏资金技术业务方面的优势；另一方面，林业主管部门只有业务指导和服务职能又不具有实质意义上的领导职能，双方对林业站的管理又很难完全到位；而乡镇林业站面对两个管理主体尤其是在两个主体出现矛盾冲突时，在无法满足两方面期待的情况下，极易出现影响工作的被动局面。

综合上述分析，就乡镇林业站作为公益性事业单位全额拨款、差额拨款和自收自支三种管理形式而言，全额拨款是最能体现林业站公益性质，同时也是最能发挥林业站职能作用的管理形式，这也是国家最终将乡镇林业站定位为由国家财政全额拨款事业单位的根本原因。将乡镇林业站全部过渡为全额拨款事业单位，是解决差额拨款和自收自支两种管理形式种种弊端的唯一选择；乡镇林业站单独建站和与农牧水利合署办公两种模式，就其职能作用发挥的最佳效果来讲，显然单独建站要优于合署办公；在隶属关系上，林业主管部门派出、乡镇管理和双重领导三种体制，从理论上讲双重管理是实现两个管理主体1+1效果的最好选项，但在实践中这种模式与林业主管部门和乡镇直接管理另外两种管理体制，同样存在需要克服和解决的诸多问题。这些问题在其实质上均表现为权责分配的失衡和管理机制的滞后。因此，解决这些问题的途径不在选择何种管理体制，其着眼点应该放在权责明确和管理机制的优化上。

## 三、政策建议

### （一）主动出击，抢抓机遇，全面配合党委政府做好新一轮乡镇林业站机构改革

当前，按照中央的统一部署，预计在2020年底结束的新一轮乡镇街道机构改革和事业单位分类改革已在全国陆续展开。各级林业主管部门一定要抓住这一新的历史机遇，主动作为，积极争取党委政府支持，加强与相关部门的配合，全面推进乡镇林业站的机构改革，着力完善乡镇林业站的体制机制，从根本上解决乡镇林业站存在的各种矛盾问题，最大限度地发挥乡镇林业站在推进农村现代林业建设中的职能作用。一是要加强调查研究。在改革全面

启动前，深入基层准确了解把握本次改革需要解决的乡镇林业站存在的各种问题；二是研究制定改革方案。根据经济社会发展的需求，研究提出符合当地实际情况的改革完善乡镇林业站体制机制的方案建议。推广借鉴福建、安徽等省区上次乡镇林业站机构改革的先进经验，以省市自治区政府或者编制、人事、财政、林业等相关部门联合制定出台乡镇林业站机构改革的政策性文件，用以指导规范新一轮乡镇林业站的机构改革；三是全程跟进乡镇林业站的机构改革。地方各级特别是县级林业主管部门，在改革过程中要切实加强与相关部门的沟通协调，全面落实党和国家对事业单位分类改革以及原国家林业局《乡镇林业站管理办法》的各项政策规定，力求本轮乡镇林业站机构改革取得圆满成功。

### （二）全面落实乡镇林业站公益性全额拨款事业单位的性质定位

在本轮乡镇街道机构改革中，全面落实国务院《关于深化改革加强农业推广体系建设的意见》确定的乡镇林业站的公益性职能定位，将目前仍然实施差额拨款和自收自支管理形式的乡镇林业站全部转为全额拨款事业单位并确保乡镇林业工作站承担的森林资源管护、林政执法等公益性职能所需经费全部纳入地方财政预算。

### （三）进一步理顺管理体制，确保乡镇林业站职能作用的有效发挥

在机构设置上，按照结构优化、简约高效和充分体现基层林业工作繁杂专业技术性较强特点的原则，对森林资源富集、生态区位重要地区的乡镇林业站一律采取一镇一站或几镇一站单独设置的模式；对目前与农业水利畜牧合署办公的林业站，为便于工程投资和行业管理全部加挂乡镇林业站牌子并指定明确的法人代表；对属于县林业主管部门派出机构、乡镇管理和双重领导三种管理模式的乡镇林业站，一定要明确主管机关各自的职责范围。作为县林业主管部门派出机构的乡镇林业站，人员和业务经费由县级林业主管部门统一管理，林业各项重点工程由林业主管部门直接组织实施或由主管部门交由乡镇政实施，林业主管部门负责技术指导、施工监督检查和项目验收。林业站人员的调配、考评和任免，必须听取乡镇政府的意见。其业务经费财政预算按照乡镇标准核拨，不足部分由乡镇予以适当补贴；隶属于乡镇政府管理的乡镇林业站，人员和业务经费由乡镇管理，经费缺口由县林业主管部门给予一定支持。工作人员的调整分配、考核、任免，必须听取县林业主管部门的意见。与农业服务中心合署办公林业站的人员安排，遵循"编随事走、人随编走"的原则，不得随意裁减。乡镇林业站人员参与其他工作，一定要保证在确保林业工作不受影响的情况下进行。各项林业重点工程任务在县林业主管部门下达后，由乡镇政府组织实施，林业主管部门同样负责对工程实施的技术指导、监督检查和项目验收；实施双重领导乡镇林业站的人员、经费、工程管理参照由乡镇管理林业站的办法执行。

### （四）着力加大乡镇林业站标准化建设力度，全面提升林业站科学化、规范化、标准化水平

一是全面扩大乡镇林业站标准化建设范围，将目前所有单独建站和合署办公加挂林业站牌子的乡镇林业工作机构全部纳入标准化建设范围并给予中央和地方的财政资金支持。二是按照原国家林业局2012年出台的《乡镇林业站建设标准》山区半山丘陵区和平原牧区一、二、三级标准要求核定并配备乡镇林业站的工作人员。三是活化用人机制，协调促请人事部门按照尽可能专业对口的原则，加大部门间人事调整的力度，制定一定的优惠政策引进和招收一部分分散在各单位的林业专业人员和农林院校的大中专毕业生，充实乡镇林业站专业技

术队伍。鼓励乡镇林业站非专业人员通过正常流动、竞争上岗等途径到更适于发挥自己专长的部门和单位发展，力求乡镇林业站的专业技术人员达到80%。四是加强乡镇林业站人员的继续教育和专业培训力度，不断提高职工队伍的管理技术素质。县林业主管部门负责对所有不同隶属关系乡镇林业站人员的管理技术培训。加快实施乡镇林业站工作人员资格认证、持证上岗制度落实的步伐。五是将林业站标准化建设纳入当地经济社会发展规划，按照标准站的建设要求逐步配齐完善林业站的办公、生活、辅助用房和交通、通讯、办公设备等基础设施。

### （五）建章立制，着力优化乡镇林业站的管理机制

一是在总结各地经验的基础上，建立和完善由林业主管部门和乡镇党委政府对乡镇林业站的双向考核激励机制和评价体系；二是建立健全乡镇林业站的各项规章制度和干部职工的岗位责任制，充分调动干部职工的工作积极性，最大限度地发挥乡镇林业站在林业现代化建设和推进农村发展优先、乡镇振兴战略中的重要作用。

# 后 记

集体林权制度改革监测工作得到了财政部、国家发展和改革委员会、国家统计局、国务院政策研究室、中央农村工作领导小组办公室等单位的大力支持,得到了浙江农林大学、沈阳农业大学、中南林业科技大学和甘肃农业大学 4 所高校师生的大力支持。同时,样本省各级林业主管部门,为本项工作的顺利开展提供了有力支持。

集体林权制度改革监测是一项开拓性的工作,还需要不断完善,不断开拓创新。敬请广大读者提出宝贵意见。

联系方式:
地　　址:北京市东城区和平里东街 18 号,100714
　　　　　国家林业和草原局经济发展研究中心
　　　　　国家林业和草原局农村林业改革发展司
　　　　　国家林业和草原局规划财务司
电　　话:010-84239560,84238538,84238422
E-mail:gjlyjdys@sina.com

编著者

2021 年 3 月